北京经济林树种水分利用
特征及灌溉策略

李少宁　赵娜　鲁绍伟　徐晓天　主编

中国林业出版社

图书在版编目（CIP）数据

北京经济林树种水分利用特征及灌溉策略／李少宁等主编.
--北京：中国林业出版社，2023.8

ISBN 978-7-5219-2307-0

Ⅰ.①北…　Ⅱ.①李…　Ⅲ.①经济林–树种–灌溉管理–研究–北京
Ⅳ.①S727.3

中国国家版本馆 CIP 数据核字（2023）第 165217 号

策划编辑：甄美子
责任编辑：甄美子
封面设计：北京睿宸弘文文化传播有限公司

————————————

出版发行：中国林业出版社

（100009，北京市西城区刘海胡同 7 号，电话 83143616）

电子邮箱：cfphzbs@163.com
网址：www.forestry.gov.cn/lycb.html
印刷：北京中科印刷有限公司
版次：2023 年 8 月第 1 版
印次：2023 年 8 月第 1 次印刷
开本：710mm×1000mm 1/16
印张：5.5
字数：78 千字
定价：30.00 元

北京经济林树种水分利用特征及灌溉策略

编委会

主　　编：李少宁　赵　娜　鲁绍伟　徐晓天

副主编：郑家银　范雅倩　安　菁　许艳凤

秘　　书：李婷婷　赵云阁

编　　委：杨新兵　李绣宏　叶　晔　李欣蕊　王喜军　张伟宁
　　　　　李　斌　曹　哲　米高扬　王宝雪　吴　宁　陈　静
　　　　　刘凤芹　彭　博　张智婷　盖立新　吴记贵　蒋　健
　　　　　赵东波　田会鹏　陈鹏飞　刘　文　房佳兴　赵加辉
　　　　　王　倩　李佳赢　陈明侠　黄文旭　雷宏娟　杨君芳
　　　　　王宏宇　张俊杰　柳学强　王梦雪　于　迪　赵　溪
　　　　　宋　滨

前　言

　　北京市水资源匮乏，水资源短缺问题已然成为可持续发展的主要瓶颈。近些年中央不断强调北京市应向"节水型社会"发展，先后提出"以供定需""节水优先"等战略思想，以及"三条红线""最严格水资源管理制度"等实质要求。至 2018 年北京市经济林种植面积超 165 万亩（1 亩＝1/15hm²，以下同），2019 年北京市农业用水约占全市用水的 1/5，居用水量第二位，灌溉用水占农业用水的 90% 以上。随着经济林种植面积和树龄增加，林分耗水量逐年增加，北京地区水分亏缺问题日益突出，且受水资源和水利设施的限制与影响，经济林灌溉问题长期以来得不到有效解决。大力发展经济林节水灌溉技术和推广应用，是解决水资源短缺地区经济林可持续优质高产发展的根本途径之一。

　　蒸腾作用是植物重要的生理代谢过程，蒸腾作用将土壤、植物、大气的水分紧密联系在一起。准确掌握树种蒸腾耗水特征及其对环境变化的响应规律，对于高效利用水资源具有重要意义。提高树种水分利用率，也是农业节水和落实可持续发展理念的关键所在，更能激发树种在干旱条件下抵抗逆境的潜力。高效的经济林水分管理应了解不同经济林树种水分利用特征，根据经济林树种不同生育期对水分的敏感性和需求进行灌溉，注重灌溉的高效率，从而达到节约用水的目的。

　　本书为北京市农林科学院林业果树研究所科研人员，在北京顺义区高丽营镇的农业综合发展科技示范园内，以北京地区 6 种常见经济林树种（杏、李、梨、桃、山楂、核桃）为研究对象，利用热扩散探针式茎流仪和园内的气象监测站，所测得的第一手实验数据、资料为基础，分析各树种在不同的天气条件、时间尺度、生育期和人为管理(灌溉、修枝、采摘)下液流变化和耗水规律，揭示各树种水分利用特征及其对环境因子的响应，为北京地区基于生态节水的经济林种植密度、灌溉管理提供理论依据。

编者殷切希望本书的出版能够引起相关人士对该领域更大的关注和支持，并希望对从事该领域研究的师生有所裨益。

本书的出版得到了北京市农林科学院科技创新能力建设项目"北京山地 4 种林分水质效应研究"(KJCX20210409)和"不同灌溉条件下绿化灌木生理生态与景观功能研究"(KJCX20220412)，国家自然科学基金面上项目"北京山区典型幼树干旱敏感性及旱后恢复力的生理生态调控机制"(32171537)，国家林业和草原局林业科技创新平台项目"北京燕山森林生态系统国家定位观测研究站运行补助"(202213220)等项目的资助，在此表示感谢。

中国林业出版社对本书的出版给予了大力支持，编辑人员为此付出了辛勤劳动，在此也表示诚挚的谢意。

最后，恳切希望广大读者对本书中发现的问题和不足予以批评指正，以期进一步修订更改。

编　者

2023 年 1 月

目 录

第1章

绪　论

1.1　引言

1.1.1　研究背景

　　水是基础性自然资源之一，是人类和地球生物圈赖以生存的生命之源。中国人均水资源仅为世界平均水平的 1/4，是全球最贫水的 13 个国家之一[1]。我国水资源还存在污染、分布不均、浪费等问题。目前，干旱缺水已成为城市生态建设最主要的限制因子之一[2]。北京市人均水资源占有量不足 $300m^3$，为全国人均水资源占有量的 1/8，被列为世界上最缺水的城市之一[3]。至 2018 年北京市经济林种植面积超 165 万亩，2018 年北京市总用水量的 41% 主要来自地下水，北京市用水问题十分严重[4]。

　　华北地区是落叶经济树种的集中栽培区，经济林产业也是华北地区支柱性产业。经济林在发挥其巨大生态、经济效益的同时，维持自身生长发育需要消耗大量水分。经济林规模化种植必然打破栽培地原有水分平衡，随着经济林种植面积和树龄增加，林分耗水量逐年增加，华北地区水分亏缺问题日益突出，且受水资源和水利设施的限制与影响，经济林灌溉问题长期以来得不到有效解决[5]。水分供需矛盾已成为华北地区经济林果业发展的主要限制因子之一，而经济林果树高产、稳产、优质及长寿的重点在于适时适量的水分供给和人为管理[6]。

蒸腾耗水是植物重要的生理代谢过程，蒸腾作用将土壤、植物、大气的水分紧密联系在一起[7]。准确掌握树种蒸腾耗水特征及其对环境变化的响应规律，对于高效利用水资源具有重要意义。提高树种水分利用率，也是农业节水和落实可持续发展理念的关键所在，更能激发树种在干旱年抵抗逆境的潜力[8]。通过树干边材液流研究树木蒸腾耗水是目前最成功的方式之一[9]。

目前树木蒸腾研究对象大多为园林绿化树种，对于华北地区经济林树种研究较少[10]。经济林树种水分利用效率将直接影响林分整体的经济、生态效益，特别是对于以出产果品为主要经济效益的经济林树种。现阶段经济林蒸腾耗水研究片面集中于对果树夏季、秋季的液流变化、启动时间、影响因子及其耗水与树木生长发育、果品产量和质量等生理方面；对于不同天气条件下经济林树种水分利用特征及树种液流对环境因子的响应规律，经济林树种不同生育期水分利用特征和人为干扰下液流变化规律缺乏深入研究[11]。经济林果园管理比其他林分经营更为精细，树体冠层结构更为复杂，针对灌溉、修枝、采摘对经济林树种蒸腾耗水的影响研究十分薄弱。如何在北京地区可利用水资源极为有限的条件下合理构建经济林，实现改善生态环境质量、提高经济收益等目标，已成为一个急需解决的现实问题。

1.1.2 研究目的及意义

北京市水资源匮乏，水资源短缺问题已然成为可持续发展的主要瓶颈。2019 年北京市农业用水约占全市用水的 1/5，居用水量第二位，灌溉用水占农业用水的 90% 以上。高效的经济林水分管理应该了解不同经济林树种的水分利用特征，根据经济林树种不同生育期对水分的敏感性和需求而进行灌溉，注重灌溉的高效率，从而达到节约用水的目的。故此试验以 6 个北京市经济林树种为研究对象，深入研究各经济林树种在不同的天气条件、时间尺度、生育期和人为管理（灌溉、修枝、采摘）下水分利用特征及其对环境因子的响应。基于各树种水分利用特征，提出合理的经济林栽植密度，并结合不同生育期内和典型天气下的水分利用特征提出适宜的经济林灌溉策略，制定高效水分利用措施。

　　近些年中央不断强调北京市应向"节水型社会"发展，先后提出"以供定需""节水优先"等战略思想，以及"三条红线""最严格水资源管理制度"等实质要求。本试验在充分考虑降雨、满足树种水分需求、高效利用灌溉用水前提下开展。本书可为北京地区合理构建经济林，实现水分平衡下的生态建设、经济发展，解决水资源短缺与树种生长、灌溉管理之间的矛盾提供重要理论参考。大力发展经济林节水灌溉技术和推广应用，是解决水资源短缺地区经济林可持续优质高产发展的根本途径之一。

1.1.3　国内外研究进展

1.1.3.1　树木蒸腾耗水的概念

　　树木作为森林生态系统的主体，需要一定的水分来维持物质和能量的正常循环。树木蒸腾耗水是水分在土壤-植物-大气中连续传递的过程[12]。树木从土壤中吸收的水分只有小部分留在树木体内，90%以上的水分会通过蒸腾作用而向大气散逸，蒸腾作用受到植物生理特性的控制和调节[13]。

　　树木蒸腾耗水受气候条件、植物本身生理生态特性和生长状况以及土壤供水能力的影响，从而引申出两种内涵，即潜在耗水量和实际耗水量[14]。潜在耗水量是树木正常生长，充分发挥出生产潜力时的耗水量，此值既与大气环境有关，又与植物生态特性和生长状况有关。实际耗水量是在田间实际水分条件下植物的耗水量，此值同时受到大气环境条件、植物生理生态特性、田间水分条件三个方面的影响。树木耗水性根据研究尺度的不同分为树木个体耗水性和林分群体耗水性[15]。树木个体耗水性是指树木根系吸收土壤中的水分并通过叶片蒸腾耗散的能力。将树木耗水性表示为单位边材面积或单位面积树冠投影的液流量[16]。林分群体耗水则是单位时间、单位面积林地的蒸腾耗水量，包括树木蒸腾耗水量和林地地表蒸发耗水量[17]。液流是反映植物体内水分传输状况的一个重要生理生态指标，植物体内绝大部分液流都是为了蒸腾作用，因此通过研究植物液流来解析其水分利用特征是可行的[18]。

1.1.3.2 树木水分利用测定方法

20 世纪 30 年代起，国外开始对树木蒸腾耗水问题进行研究。这一时期研究方法的代表是盆栽苗木称重法（potted plant method）和快速剪叶称重法（fast weighing method）[19]。20 世纪 60~80 年代，随着蒸腾耗水研究的不断深入，出现了许多新技术，主要有封闭大棚法（ventilated chamber method）、大树容器法、蒸渗仪法（lysimeter method）等[20]。1973 年 Fritschen 首先提出蒸渗仪法[21]。1960 年 Ladefoged 提出大树容器法，但此法不能代表自然生长状况下的树木蒸腾耗水量[22]。Greenwood 和 Beresfbrd 提出和应用了空调室法[23]。20 世纪 90 年代以来，研究树木蒸腾耗水的技术逐渐成熟，还出现了一些新的技术，包括热脉冲法（heat pulse velocity method）、热扩散液流探针法（thermal dissipation sap flow velocity probe）和微气象法（micrometeorological methods）等[24]。

目前，国内外主要通过热技术法监测树木液流，因其可以连续测定树木液流变化，而广泛应用于树木蒸腾耗水内在调节机制和外在影响因子等方面的研究[25]。热技术法主要有热扩散法（TDP）、热脉冲速率法（HPV）和热平衡法（SHB）等[26]。热脉冲速率法不受环境条件和树冠结构的影响，可以测定低液流和逆向液流，但灵敏度和测量精度不高，实践应用中存在一定限制[27]。李海涛等人[28]最先在国内开始使用热脉冲技术测定树木蒸腾耗水量。热平衡法适用于测定液流速度较低的植物。李楠[29]在热平衡法的基础上通过外部热比率测定盆栽石榴（*Punica granatum*）和灌木柠条（*Caragana korshinskii*）的树干液流。热扩散法是根据热平衡原理设计的两根插入式热扩散探针组成，利用探针之间的温度差和液流密度的经验公式来计算，测定结果较为准确，目前在国内外得到广泛应用，不过该方法可能会低估液流量[30]。以上方法都是根据一定的对象和条件发展起来的，各有优缺点，存在一定的适用性和局限性[31]。因此必须根据测定目的、时间和空间尺度，选择合适的测量方法。

1.1.3.3 树木水分利用特征

目前，时间尺度主要集中在日变化和季节变化规律的探讨，对林分内单株树木开展不同时间尺度下液流变化规律研究，能够较为精确地认识林分蒸腾耗水变化。树木液流研究多是从液流的启动时间、变化趋势以及夜间液流密度等方面展开[32]。树木液流启动时间基本为日出前后，树木液流常表现出"白天高夜晚低"的趋势。研究表明，目前大多数树种液流变化曲线多呈单峰型、多峰型的日变化规律，晴天时太阳辐射较强，蒸腾耗水大于根系吸收水，部分气孔关闭，导致液流变化趋势呈现"双峰"型甚至"多峰"型[33]。受天气影响，树木液流晴天的均值和峰值基本高于阴天和雨天，季节变化总体上呈现夏季最高、春秋次之、冬季最小的变化趋势。桑玉强等[34]研究发现核桃（*Juglans regia*）液流具有明显的时间变化特征，最大液流量出现在五六月份，2008—2010年生长季内核桃日均液流量分别为4.96L、4.75L和4.68L。马长明等[35]发现核桃液流密度8月>7月>5月>6月>9月>10月，5月叶面积进一步增大，液流速率进一步提升；8月果实成熟且外界环境持续高温，液流密度达到峰值。李自豪等[36]发现樟子松（*Pinus sylvestris*）树干液流速率在6月开始增大，8月最高（870.97g·h^{-1}），9月开始降低，10月最小（216.44g·h^{-1}）。

树木液流的空间差异性研究主要集中在对树干同一高度不同方位的液流差异以及同一方位不同高度的液流差异性。这对于精确掌握树木蒸腾耗水动态变化规律以及开展不同地区不同树种之间的同类比较研究具有重要作用[37]。研究表明，树种边材液流速率与其测定方位具有密切关系[38]。党宏忠等[39]发现樟子松树干液流密度具有显著方位差异（$P<0.01$），以南侧边材液流速率最高，土壤水分亏缺能引起各方位液流速率同步显著降低（$P<0.05$）。蒋文伟[40]发现柳杉（*Cryptomeria japonica*）不同垂直高度的液流密度差异明显，且与季节的影响密切相关。孟秦倩等[41]发现苹果（*Malus domestica*）不同方位树干液流差异明显，东、西向液流密度相似，南、北向液流差异较大；东、西向液流与样树蒸散量关系密切，决定系数分别达0.74和0.83。

1.1.3.4 树木水分利用影响因子

树木蒸腾作用易受环境因子及其自身内在因子的影响。现阶段研究发现，树木液流受环境因子影响强烈，包括太阳辐射、降水量、空气温湿度、土壤温湿度等，且存在时滞效应[42]。

（1）环境因子与树木液流变化

树木液流受环境影响存在较大复杂性，不同的地区、水热条件和气候对树木液流的影响均不相同。地上环境因子（如太阳辐射、空气湿度、大气压亏缺等）和地下环境因子（如土壤温度、湿度）影响树木蒸腾耗水的器官不同，前者是通过改变叶片气孔开闭程度来影响水分蒸发，后者为影响根系和根际土壤界面间的水分导度从而影响水分吸收[43]。在影响树木液流变化众多复杂的因素中，气象因子为其重中之重[44]。王华[45]发现树木液流与太阳辐射、水汽压亏缺等呈正相关，与空气相对湿度呈负相关。孙雨婷[46]发现枣（Ziziphus jujuba）液流在晴天时主要受太阳辐射影响，阴天为大气温度。万发[47]发现引黄灌区苹果树白天树干液流主要驱动因子为水汽压亏缺、温度、光照等，而夜晚主要进行补水活动。徐世琴等[48]发现光合有效辐射、气温和水汽压亏缺是影响沙拐枣（Calligonum arborescens）茎干液流密度的主要气象因子，沙拐枣茎干液流密度日变化曲线峰值滞后于光合有效辐射峰值约30min，提前于气温和水汽压亏缺峰值约120min，其日变化与这3个环境因子日变化之间存在非对称性响应。李波[49]等对东北寒区日光温室葡萄（Vitis vinifera）液流特征研究表明，葡萄液流受到光合辐射、气温、水汽压亏缺等影响，液流启动时间具有一定的时滞性。大量研究表明，树木液流易受环境因子的强烈影响，但各环境因子不是独立作用于液流，且环境因子与液流的关系有黑箱性，且影响树木液流的主要环境因子因树种的差异而存在差别[50]。

土壤因子主要是土壤温度、土壤含水量（土壤水势）和土壤孔隙度等。2009年Tognetti[51]提出土壤水分亏缺会增加土壤和根系等阻力，从而影响土壤到树木叶片的水分运输，造成气孔关闭，最终导致耗水减少。Cochard等[52]研究表明土壤温度较高更有利于植物蒸腾耗水。李少宁等[53]也发现当土壤温度达到最大24.16℃时，毛白杨（Populus tomentosa）液流密度值较大。

（2）内部因子与树木液流变化

树木自身也会对树木蒸腾耗水产生影响。树木自身液流存在径向变异，木材含水率、木质部导水率和边材比重等生物学结构决定了液流强弱的潜在能力[54]。赵云阁等[55]发现树木蒸腾耗水的立木自身影响因子主要包括木材密度、优势度以及边材面积等。Meinzer等[56]发现树木整树蒸腾耗水随着直径的增大而增加。李振华等[32]研究发现同龄林中优势度大小不同，液流存在差异，优势度越大，液流启动时间越早，结束越晚，且液流速率与优势度、树高呈极显著正相关，与胸径、冠长显著正相关。有研究表明，气泡确能在木质部导管或管胞中形成，这是空穴化作用（cavitation），空穴化作用形成的气泡或空腔被水蒸气或空气所填充，导致导管中水柱中断，这是栓塞化（xyle embolism）[57]。栓塞化会降低导管的输水能力，严重时还会影响植株的生长。空穴化和栓塞化是紧密相关的两个概念，任何使木质部张力增加的因素都可能引起空穴化或栓塞化，目前了解较多的诱因包括水分胁迫、冬季木质部管道内树液结冰、植物维管病害等，不同植物之间对空穴化作用的敏感性差异很大。奚如春等[58]研究发现油松（*Pinus tabuliformis*）、侧柏（*Platycladus orientalis*）和元宝枫（*Acer truncatum*）导管空穴化发生的最大现实枝条水势分别为 650.8MPa、－1.0MPa 和－0.5MPa。杨树（*Populus*）茎干在水势为－1.6MPa 时其导管内就出现完全空穴化[59]。同一种植物同一基因型的不同表现型之间，对空穴化作用的敏感性变化也很大，其差别可能和种间差别一样显著。

1.1.3.5 经济林不同生育期及其人为管理下水分利用特征

一年中植物显著可见的生长期间，称为生长期，也称为生长季。经济林树种不同生育期可以直观反映其生理生态特征，生长节律与树木耗水之间的相互影响关系[60]。果树生育期可具体分为舒花展叶期、落花坐果期、果实膨大期、果实成熟期、叶片变色期、落叶期、休眠期[61]。有关研究表明，不同阶段生育期内经济树木耗水量、液流速率和液流密度均有所差异[62]。经济林树木蒸腾变化大致可归纳为 5 个阶段：初始生育期缓慢增加阶段、快速发育期迅速增加阶段、发育中期高耗水阶段、成熟期蒸腾回落阶段以及休眠期低耗水阶段。例如，党宏忠等[63]发现黄土高原苹果树果实膨大期耗水量最多，占耗水总量的 51%（2017 年）和 41%（2018 年），其次是果实成熟期、幼果形成期、花期、萌芽期等。赵明玉等[64]发现处于果实膨大期的'红富士'苹果树在缺水条件下，其液流变化曲线为窄"几"形，液流速率与蒸腾速率、气孔导度呈显著正相关。张娟等[65]发现'红地球'葡萄品种在果实成熟期，果梗维管束的木质部结构会随着果实的成熟程度而逐渐衰败、破裂，从而导致液流速率降低，温度降低也会使树体茎液流量下降。有研究表明，生长期处于果实膨大期的苹果树根系吸水范围的可塑性较强，但随着树龄增加，其用水策略会趋于更保守[66]。

经济林树种水分需求与其不同生育期生长过程密切相关，是由果树枝叶、果实和自身的生长节律所决定的[67]。合理的灌溉管理是平衡果树营养生长与生殖生长的关键，也是提高果实品质、产量及维持产量稳定性的重要手段。舒花展叶期、落花坐果期需水量不断增加，此时提高土壤供水可有效防止落果的发生。果实膨大期树种需水量大，需水分供应充足以保证果实产量与品质，果实成熟后期，适当干旱可避免因水分过多引起裂果、落果，抑制新梢二次生长。在适宜的生育期，维持适度的水分胁迫可以提高光合产物向果实和籽粒转化，提高果实产量与品质[68]。赵付勇等人[69]发现灌溉水量低会影响新疆核桃树干液流速率。经济林树种随着树龄增加，树冠增大、郁闭度变大，通风透光条件会变差，影响经济林木健康[70]。疏果修枝作为一种有效的生产管理措施，被广泛运用在经济林果树生产中，通过改变树体冠层结构、叶面积和果实数量进而降低蒸腾耗水量，同时调整树体光合、结果能力，使树体养分集中于果实生长，是一种节水型生态调控技术[71]。有研究表明，疏果修枝可以显著降低树木蒸腾耗水，但疏果修枝对树体的蒸腾调控作用较为复杂，不同修剪程度和方式对树体蒸腾耗水影响不同[72]。Forrester 等[73]去除桉树 75%的枝条后发现蒸腾仅下降了 12%。还有研究发现同树种不同品种间的调控机制也存在差异，树木自身和外界环境都会影响修剪调控效果[74]。

1.1.3.6　基于树木水分利用特征的应用分析

通过探明树种水分利用特征，将其应用于社会服务、经济生产，已成为现实且成果显著[75]。赵明玉等人[64]发现当'红富士'苹果树处于果实膨大期时，其液流在水分过多时降低，短时间干旱能提升果树水分利用效率，在傍晚灌溉可降低水分对果树蒸腾作用的影响；提出了"少量多次"，选择傍晚或者早上灌溉的管理措施。孟秦倩[76]根据黄土高原地区苹果不同生育期耗水规律并结合土壤含水量，提出了花期时应适当控制水分能提高花的质量，果实成熟期，湿度不宜过高，除特旱年外不宜灌水等一系列措施。

在尺度上通过树木液流量进行估算林分耗水量在较多的研究中得到应用。现阶段研究利用树木的胸径、边材横截面积以及叶面积大小等指标与树木液流密度之间的回归关系，估算林分的耗水量[77-78]。周扬[79]通过植物胸径、叶面积耗水量模型对北京市乔木、灌木、草本等绿地植物潜在年耗水量进行了估算、分析和比较。北京市城市绿地乔灌草植物年总耗水量约 14.02 亿 m^3，其中乔木年耗水总量约 11.04 亿 m^3，占耗水量的 78.69%；灌木年耗水总量约 1.38 亿 m^3，占总耗水量的 9.87%；草本植物年耗水总量约 1.60 亿 m^3，占总耗水量的 11.43%。赵云阁[55]利用热扩散探针法对北京地区常见的刺槐（*Robinia pseudoacacia*）、国槐（*Sophora japonica*）、栾树（*Koelreuteria paniculata*）等 8 种绿化树种进行液流连续观测，在基于单株林木生长耗水量特征下利用降水量和各树种的生长耗水量，通过武思宏[80]提出的密度栽植公式，反推林木合理栽植密度，刺槐因生长耗水量较大，其种植密度范围为 738~2095 株·hm^{-2}，国槐、栾树的种植密度分别是 1221~3467 株·hm^{-2}、1421~4033 株·hm^{-2}。

1.2　研究区概况

1.2.1　地理位置

试验区位于北京市顺义区西部高丽营试验基地（东经 116°29′41″，北纬 40°11′8″），紧邻京承高速，处于温榆河绿色生态走廊的延展区域。境内平原为河流洪水携带沉积物质造成，表面堆积物主要是砂、亚砂土，面积占 95.7%。北部山地最高点海拔为 637m，境内最低点海拔为 24m，平均海拔 35m。

1.2.2 土壤条件

顺义区成土因素复杂，形成了多种多样的土壤类型，其中包括普通褐土、碳酸盐褐土、山地棕壤、山地淋溶褐土、山地普通褐土、褐潮土、砂姜潮土和盐潮土等。经济林研究样地内土壤类型多为黄棕壤土、砂壤土。

1.2.3 气候资源

试验区属于北温带大陆性季风气候，春季昼夜温差大，降雨少；夏季炎热多雨，雨热同季；秋季降温快，光照充足；冬季寒冷干燥，持续到来年 3 月。年均气温为 11.5℃，年均相对湿度 58%，全年降水约 80% 集中在夏季，至 2021 年，试验区年均降雨量约为 610.09mm。受北运河水系和潮白河水系影响，境内河流有 20 余条，径流总量 1.7 亿 m³。北运河多年水系径流量约为 4.72 亿 m³，潮白河多年水系径流量为 11.96 亿 m³。2020 年全市农业用水 3.2 亿 m³。

1.2.4 经济林树种状况

试验区地带性植被类型是暖温带落叶阔叶林并间有针叶林的分布，试验样地内经济果树多种多样，主要分布有桃、梨、苹果、杏、核桃、樱桃等多个经济林树种，是试验区内主要的乔木树种，此外还有柳树、银杏、草莓等。据 2018 年统计，北京市经济林面积超 11.06 万 hm²，2020 年果树总产量达 9.1 亿 kg，果品直接收入达 36.6 亿元。

1.3 研究材料与方法

1.3.1 样树选择

1.3.1.1 样树基本情况

本研究以北京顺义高丽营基地杏（*Armeniaca vulgaris* 'KAIT'，'凯特'）、李（*Prunus salicina* 'Feteng'，'沸腾'）、梨（*Pyrus communis* L. 'Early Red Comice'，早红考密斯）、桃（*Amygdalus persica* 'Ruiguang' 28，'瑞光'）、山楂（*Cralaegus pinnatifida* Bge

'Xiao jinxing', '小金星')、核桃（*Juglans regia* 'Baokexiang', '薄壳香'）等 6 个经济林树种为试验材料，在实现稳产的各经济林林分（种植密度为 3m×3m）内，每种经济林林分设置 1 个样地（12m×18m），每个样地内选择 3 棵处于壮年期的标准样树（胸径误差在 1cm 以内、生长势一致且生长良好、胸径差别不大且无病虫害），样树枝条分布均匀、枝条数量居中，利用热扩散探针式茎流仪进行连续监测，时间为 2021.4～2021.11，各树种基本情况见表 1-1。

表 1-1　样树基本情况

样树	地径	树高	冠幅	边材宽度	林龄	坐果率	生育期
杏	8.31±0.05	3.22±0.21	3.53±0.18	3.78±0.07	15	59.26	4.1～10.18
李	6.23±0.09	2.86±0.17	2.27±0.27	2.83±0.12	14	43.28	4.1～10.30
梨	8.74±0.10	2.72±0.12	2.69±0.10	3.95±0.04	13	37.68	4.8～11.30
桃	7.13±0.10	2.72±0.12	2.69±0.10	3.32±0.08	14	43.59	4.5～10.90
山楂	6.92±0.12	2.18±0.11	2.06±0.13	3.06±0.09	13	49.07	4.4～11.1
核桃	10.09±0.11	3.88±0.18	3.60±0.32	3.58±0.11	14	56.89	4.15～10.23

1.3.1.2　各树种生育期划分

各树种的生长节律划分为：舒花展叶期、落花坐果期、果实膨大期、果实成熟期、叶片变色期、落叶期。以各树种生长姿态表现出 80% 以上进入某个生育期，进行各树种生育期时间节点划分，具体时间节点见表 1-2。

表 1-2　各树种不同生育期

样树	舒花展叶期	落花坐果期	果实膨大期	果实成熟期	叶片变色期	落叶期
杏	4.1～4.9	4.10～4.27	4.28～6.10	6.11～7.12	7.13～9.4	9.5～10.16
李	4.2～4.14	4.15～5.10	5.11～7.2	7.3～8.27	8.28～10.22	10.23～10.30
梨	4.8～4.20	4.21～5.17	5.18～7.29	7.30～8.31	9.1～10.17	10.18～11.1
桃	4.6～4.22	4.23～5.12	5.13～6.25	6.26～7.29	7.30～9.17	9.18～10.9
山楂	4.6～5.19	5.20～6.5	6.6～8.21	8.22～9.26	9.27～10.13	10.14～11.3
核桃	4.16～5.8	5.9～5.18	5.19～7.26	7.27～8.28	8.29～10.11	10.12～10.22

1.3.1.3　各树种人为管理时间节点

人为管理措施实施时间节点见表 1-3。灌溉时间和方式为统一的经营措施，时间为5月14日8:00至5月15日18:00，灌水方式为盘灌。修枝方式和时间与果园统一，修剪程度在20%~40%范围，修剪前，会根据大枝、中枝、小枝进行划分，对样树枝条进行划分和记录，将修剪下的同样分为大、中、小三类，每类选择1/3的样品带回实验室，先进行叶面积扫描和称重，然后进行烘干，称量生物量，最后估算整株生物量；疏果力度根据每棵果树结果率和生长形态进行10%~30%的疏果。果实采摘具体时间为上午7:00~8:00，各树种摘取全部成熟果实占树种果实总量的89.31%~97.36%，详见表1-4。

表1-3 各树种人为管理措施实施时间

样树	灌溉	疏果、剪枝	果实采摘
杏	5.13~5.14	5.27~6.9	6.24~7.4
李	5.13~5.14	6.21~7.4	7.31~8.11
梨	5.13~5.14	6.21~7.4	7.31~8.11
桃	5.13~5.14	6.21~7.4	7.22~8.1
山楂	5.13~5.14	6.27~7.10	9.25~10.4
核桃	5.13~5.14	6.27~7.10	8.23~9.3

表1-4 各树种疏果、剪枝和果实采摘生物量

人为管理	杏	李	梨	桃	山楂	核桃
疏果、剪枝量（kg）	6.33±1.08	5.91±0.31	4.82±0.43	10.57±1.26	3.61±0.86	16.47±2.67
占总比（%）	27	24	30	29	38	41
修剪叶面积（m²）	10.57	10.59	27.93	28.72	49.24	228.88
果实采摘量（kg）	7.64±1.62	9.89±1.81	5.17±0.94	8.38±1.43	4.67±1.15	6.74±1.35
占总比（%）	92.16	89.31	90.68	93.29	97.36	95.48

1.3.2 指标测定

1.3.2.1 环境因子测定

样地内布设vantage pro 2全自动气象站（Davis Instruments，美国），对环境因子数据采集频率为5min，监测指标包括：太阳辐射 $[Rs/(\text{W}\cdot\text{m}^{-2})]$、风速 $[W/(\text{m}\cdot\text{s}^{-1})]$、风向、温度（$Ta/℃$）、相对湿度（$RH/\%$）、降水量（$P/\text{mm}$）、土壤温度（$Ts/℃$）、土壤水

势（*SWP*/kPa）等。水汽压亏缺（*VPD*/kPa）由大气温度和湿度计算得到，公式[81]如下：

$$VPD = a \cdot e^{b \cdot Ta/(Ta+c)} \cdot (1-RH) \qquad (1-1)$$

式中，*Ta*（℃）和 *RH*（%）分别为气象因子中的大气相对温度和相对湿度；*a*、*b* 和 *c* 分别为常数，值为 0.611kPa、17.502 和 240.97℃。

1.3.2.2 树干液流测定

应用热扩散探针式茎流仪（TDP）（Campbell Scientific，美国）进行树干边材液流密度测定，20mm 探针刺入茎内的木质边材并接通恒定的电流以测定边材的导热率，数据采集频率为 10min。通过测量两个探针间的温度差，用 Granier 经验公式[82]计算树干液流密度：

$$Js = 0.0119 \cdot \left(\frac{dTm - dT}{dT} \right)^{1.231} \qquad (1-2)$$

式中，*Js* 为液流密度（$cm^3 \cdot cm^{-2} \cdot s^{-1}$）；d*Tm* 为一天 24h 内上下探针的最大温差值（℃）；d*T* 为某时刻瞬时温差值（℃），即当时测定的温差值。

1.3.2.3 边材面积测定

为避免对实验样树的伤害，选取样地中与样树大小接近的树（胸径误差差小于 1cm），用生长锥取与安装 TDP 探针等高处的木芯，直尺测定边材厚度，同时测定安装 TDP 探针处的直径得到边材厚度，将树干横切面做圆计算边材面积。

$$A_s = \pi (R^2 - Rs^2) \qquad (1-3)$$

式中，*Rs* 为心材半径（cm）；*R* 为去皮树干半径（cm）。

1.3.2.4 单株耗水量测定

采用热扩散式探针液流仪得到各树种边材厚度内的平均液流密度，利用单株果树耗水量计算公式可得整树耗水量。

$$F_s = Js \cdot A_s \qquad (1-4)$$

$$E_t = F_s \cdot 3600 \cdot 24/1000 \qquad (1-5)$$

式中，*E*ₜ 为整树耗水量（$m^3 \cdot d^{-1}$）；*F*ₛ 为液流通量（$cm^3 \cdot s^{-1}$）。

1.3.2.5　林分密度推算

在不考虑地表径流和土壤深层渗漏等情况下，单纯利用降水量和各树种的生长耗水量反推林木合理栽植密度，其公式为[81]：

$$T_i \cdot N + E \cdot A \leqslant P \cdot A \qquad (1-6)$$

式中，T_i 为单株生长耗水量（$m^3 \cdot$ 株$^{-1}$）；N 为单位面积林木株数（株·hm^{-2}）；E 为林地蒸散量（mm，包括土面蒸发和灌木蒸腾）；P 为降水量（mm）；A 为单位林地面积，此处为 $1hm^2$。

1.3.3　数据处理

将测得的各树种液流数据、环境因子数据通过 Excel 2013 和 origin 2021 软件进行整理分析和绘图，再通过 SPSS 23.0 软件对液流数据和环境因子数据（太阳辐射、大气温湿度、土壤温度等）进行拟合和相关性分析，并通过主成分分析得到各环境因子间主要影响因素及相互关系。由于液流数据采集频率与环境因子数据采集频率不同，因此，将液流数据、环境因子数据都以 1h 测定数据的平均值进行分析。

1.4　研究内容和技术路线

1.4.1　研究内容

本研究以北京地区杏、李、梨、桃、山楂、核桃 6 个经济林树种为研究对象，通过长期监测，分析其在不同的天气条件、时间尺度、生育期和人为管理（灌溉、修枝、采摘）下水分利用特征及其对环境因子的响应，以此为基础提出北京市经济林合理种植密度和灌溉策略。研究内容如下：

（1）经济林树种不同时间尺度下水分利用特征

选择北京常见 6 个经济林树种，利用热扩散探针式茎流仪（TDP）对各样树液流密度进行连续监测，研究各树种液流昼夜变化、月变化、季节变化和不同天气条件下的水分利用特征，分析之间的差异。

（2）经济林树种水分利用对环境因子的响应特征

利用 vantage pro 2 全自动气象站获得同步环境因子数据，主要是气象因子（大气温度、太阳辐射、空气相对湿度等）和土壤因子（土壤水势、土壤温度），探明不同时间尺度各经济林树种液流对环境因子的响应差异，液流对环境因子的时滞性，水分利用对环境因子的响应特征。

（3）经济林树种不同生育期水分利用特征

基于各树种生长节律，将其划分为：舒花展叶期、落花坐果期、果实膨大期、果实成熟期、叶片变色期、落叶期，深入研究各树种在不同生育期液流密度排序、水分利用特征变化规律及其影响因素分析。

（4）经济林树种在人为管理下水分利用特征

基于果园经营中的人为管理（灌溉、修枝、采摘）措施，探究各经济林树种液流密度变化规律，以及在人为管理下水分利用特征变化规律及其影响因素分析。

（5）基于经济林树种水分利用特征的灌溉策略

基于实测的各经济林树种单株耗水量和地面蒸发比例计算林分总耗水量，结合北京各区降雨量对各树种合理栽植密度进行理论推导；在合理密植的情况下，结合树种在不同生育期内和典型天气下的水分利用特征，提出适宜的灌溉措施。

1.4.2　技术路线

以北京地区 6 个经济林树种为研究对象，从经济林单株果树耗水量入手。在 6 种经济林林分内设置标准地、标准样树，利用 TDP 对不同经济林树种液流连续监测，利用全自动气象站对温度、太阳辐射、土壤水势等环境因子监测，对各树种液流数据、环境因子数据进行整理分析和绘图。基于各树种生长耗水量及降雨量，对各经济林树种的合理栽植密度进行理论推导，结合各树种不同生育期以及典型天气下的水分利用特征提出适宜的经济林灌溉策略。技术路线如图 1-1 所示。

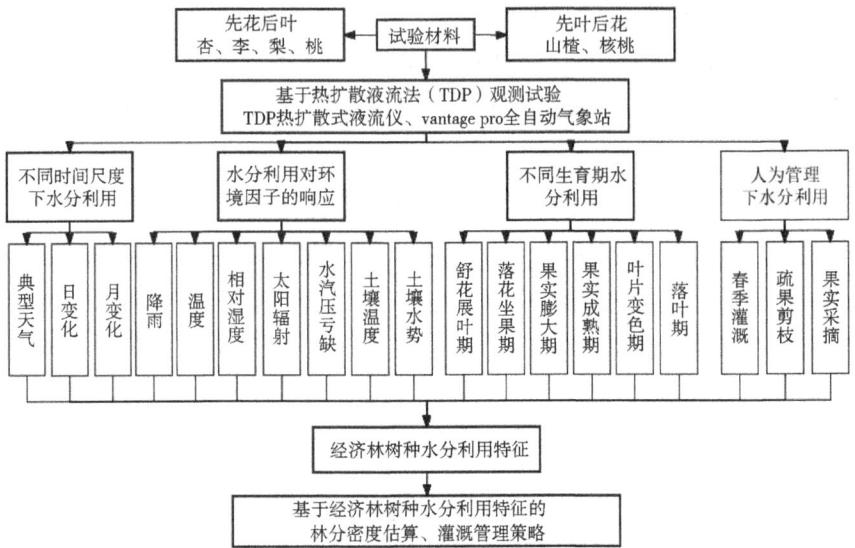

图 1-1　研究技术路线图

第 2 章

经济林树种不同时间
尺度下水分利用特征

2.1 典型天气下经济林树种液流日变化特征

试验对各树种在春（4~5 月）、夏（6~8 月）、秋（9~10 月）三个季节内三种不同典型天气下树干液流变化进行整日连续测定，典型天气观测日选取标准以国家气象局公布的顺义区天气情况为准，每个季节选取不连续 18 天以上树种液流数据，结果显示如图 2-1、图 2-2、图 2-3 所示。各树种液流变化昼夜差异明显，树种液流增强和减弱时间段不一，具有明显的日变化特征和树种特异性。各树种液流密度整体大致表现出晴天（$4.43\pm1.43\text{cm}^3 \cdot \text{cm}^{-2} \cdot \text{h}^{-1}$）>阴天（$2.21\pm1.16\text{cm}^3 \cdot \text{cm}^{-2} \cdot \text{h}^{-1}$）>雨天（$1.97\pm1.03\text{cm}^3 \cdot \text{cm}^{-2} \cdot \text{h}^{-1}$），液流变化受天气影响强烈。在不同季节、不同天气条件下，各树种液流日变化曲线存在趋同性，但树种间差异较大，液流峰值时间和峰值大小不同。各树种生长季内平均液流密度排名为李（$5.64\pm0.71\text{cm}^3 \cdot \text{cm}^{-2} \cdot \text{h}^{-1}$）>杏（$5.03\pm0.48\text{cm}^3 \cdot \text{cm}^{-2} \cdot \text{h}^{-1}$）>核桃（$4.02\pm0.42\text{cm}^3 \cdot \text{cm}^{-2} \cdot \text{h}^{-1}$）>山楂（$3.65\pm0.39\text{cm}^3 \cdot \text{cm}^{-2} \cdot \text{h}^{-1}$）>梨（$3.26\pm0.26\text{cm}^3 \cdot \text{cm}^{-2} \cdot \text{h}^{-1}$）>桃（$2.43\pm0.13\text{cm}^3 \cdot \text{cm}^{-2} \cdot \text{h}^{-1}$）。

2.1.1 春季典型天气下树种液流日变化

由图 2-1 可知，春季，各树种白天液流密度整体（3.24~$16.20\text{cm}^3 \cdot \text{cm}^{-2} \cdot \text{h}^{-1}$）波动较大，夜间液流活动较弱（$0$~$3.38\text{cm}^3 \cdot$

cm^{-2} · h^{-1}）。各树种液流增强时间段为阴天和雨天的 7:00~10:00、晴天的 6:00~9:30，液流减弱时间段则为阴天 17:30~21:00、晴天 17:00~23:00 和雨天 18:00~22:00；夜间各树种整体液流强度后半夜（1.08±0.29cm^3 · cm^{-2} · h^{-1}）强于前半夜（0.73±0.18cm^3 · cm^{-2} · h^{-1}）。

晴天：杏、梨、桃、核桃液流密度变化趋势呈"单峰"型，杏和梨峰值出现在 9:30 左右，峰值分别为 15.04cm^3 · cm^{-2} · h^{-1}、8.01cm^3 · cm^{-2} · h^{-1}；桃（6.48cm^3 · cm^{-2} · h^{-1}）峰值出现在 12:00 左右，核桃（11.90cm^3 · cm^{-2} · h^{-1}）峰值出现在 13:00 左右，李和山楂液流变化呈"双峰"型，且峰值出现时间相同，李（14.14cm^3 · cm^{-2} · h^{-1}、13.64cm^3 · cm^{-2} · h^{-1}）和山楂（13.14cm^3 · cm^{-2} · h^{-1}、11.56cm^3 · cm^{-2} · h^{-1}）峰值均出现在 8:00 和 12:00 左右。

阴天：杏、李、梨液流趋势呈"多峰"型，杏（8.25~9.10cm^3 · cm^{-2} · h^{-1}）和李（8.68~9.07cm^3 · cm^{-2} · h^{-1}）、梨（5.04~5.42cm^3 · cm^{-2} · h^{-1}）峰值均出现在 9:00~13:00；桃、山楂、核桃呈"双峰"型，桃（3.67cm^3 · cm^{-2} · h^{-1}、3.52cm^3 · cm^{-2} · h^{-1}）峰值出现在 9:00 和 13:00 左右，山楂（7.45cm^3 · cm^{-2} · h^{-1}、7.54cm^3 · cm^{-2} · h^{-1}）峰值出现在 12:00 和 14:00 左右，核桃（7.41cm^3 · cm^{-2} · h^{-1}、7.56cm^3 · cm^{-2} · h^{-1}）峰值出现在 13:00 和 15:00 左右。

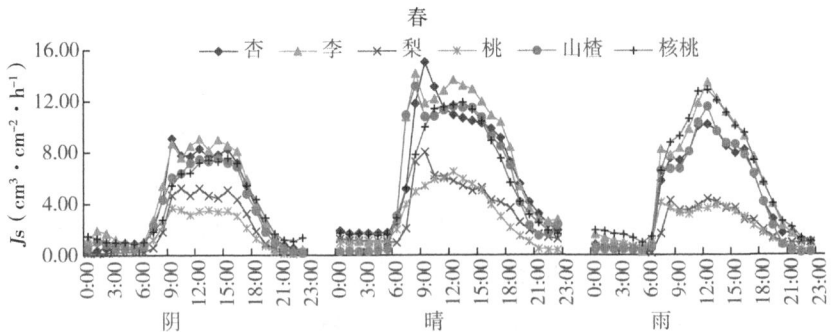

图 2-1 春季典型天气下各树种液流日变化

雨天：杏、李、山楂、核桃液流趋势呈"单峰"型，杏（10.18cm^3 · cm^{-2} · h^{-1}）、李（13.42cm^3 · cm^{-2} · h^{-1}）、山楂（11.53cm^3 · cm^{-2} · h^{-1}）、核桃（12.84cm^3 · cm^{-2} · h^{-1}）峰值均出现在 12:00 左右；梨、桃呈"双峰"型，梨（4.23cm^3 · cm^{-2} · h^{-1}、

4.36cm³·cm⁻²·h⁻¹）峰值出现在 8:00 和 12:00 左右，桃（4.10cm³·cm⁻²·h⁻¹、3.85cm³·cm⁻²·h⁻¹）峰值出现在 7:00 和 13:00 左右。

2.1.2　夏季典型天气下树种液流日变化

由图 2-2 可知，夏季，白天液流波动相对平缓、稳定。各树种液流增强时间段为阴天的 6:00~9:30，晴天的 5:00~8:00，雨天的 7:00~10:30；液流减弱时间段则为阴天和雨天的 16:00~19:00、晴天的 17:00~23:00；夜间各树种整体液流强度前半夜（0.72 ± 0.18cm³·cm⁻²·h⁻¹）强于后半夜（0.37 ± 0.08cm³·cm⁻²·h⁻¹）。

晴天：杏、李、梨、桃、核桃液流趋势呈"单峰"型，杏（13.53cm³·cm⁻²·h⁻¹）和梨（6.55cm³·cm⁻²·h⁻¹）峰值均出现在 11:00 左右，李（14.07cm³·cm⁻²·h⁻¹）、桃（7.13cm³·cm⁻²·h⁻¹）和核桃（14.17cm³·cm⁻²·h⁻¹）峰值均出现在 13:00 左右，山楂呈"双峰"型，山楂（10.33cm³·cm⁻²·h⁻¹、13.45cm³·cm⁻²·h⁻¹）峰值出现在 7:00 和 13:00 左右。

阴天：杏、李、梨液流趋势呈"单峰"型，杏（8.69cm³·cm⁻²·h⁻¹）、李（9.66cm³·cm⁻²·h⁻¹）和梨（3.64cm³·cm⁻²·h⁻¹）峰值均出现在 12:00 左右；山楂和核桃呈"双峰"型，山楂（6.15cm³·cm⁻²·h⁻¹、5.36cm³·cm⁻²·h⁻¹）峰值出现在 12:00 和 14:00 左右，核桃（6.12cm³·cm⁻²·h⁻¹、5.21cm³·cm⁻²·h⁻¹）峰值出现在 11:00 和 14:00 左右；桃呈"多峰"型，桃（2.23~2.64cm³·cm⁻²·h⁻¹）峰值出现在 10:00~16:00 左右。

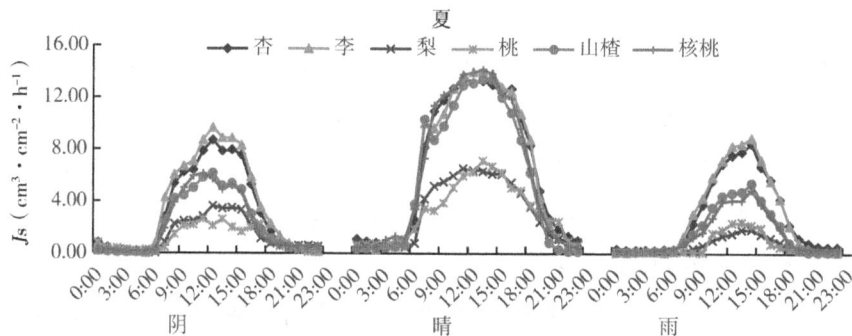

图 2-2　夏季典型天气下各树种液流日变化

雨天：杏、李、梨、桃、山楂、核桃液流趋势呈"单峰"型，杏（8.48cm³·cm⁻²·h⁻¹）、李（8.93cm³·cm⁻²·h⁻¹）、梨（1.88cm³·cm⁻²·h⁻¹）、山楂（5.43cm³·cm⁻²·h⁻¹）、核桃（4.94cm³·cm⁻²·h⁻¹）峰值均出现在 14:00 左右，桃（2.44cm³·cm⁻²·h⁻¹）峰值出现在 13:00 左右。

2.1.3　秋季典型天气下树种液流日变化

由图 2-3 可知，秋季各树种液流密度波动范围为白天 2.19~13.37cm³·cm⁻²·h⁻¹，夜间 0~1.76cm³·cm⁻²·h⁻¹，液流速率减缓。大多数树种液流增强时间段为阴天和雨天的 8:30~11:00、晴天的 7:30~9:30；液流减弱时间段则为阴天和雨天的 16:00~18:30、晴天的 16:30~19:30；秋季夜间各树种液流整体波动不大。

晴天：杏、李、梨、桃、山楂、核桃液流趋势呈"单峰"型，杏（5.70cm³·cm⁻²·h⁻¹）、梨（4.74cm³·cm⁻²·h⁻¹）和山楂（5.33cm³·cm⁻²·h⁻¹）峰值均出现在 12:00 左右，李（9.02cm³·cm⁻²·h⁻¹）、桃（2.99cm³·cm⁻²·h⁻¹）和核桃（5.48cm³·cm⁻²·h⁻¹）峰值均出现在 13:00 左右。

阴天：各树种液流趋势皆呈"单峰"型，杏（3.51cm³·cm⁻²·h⁻¹）和李（7.51cm³·cm⁻²·h⁻¹）峰值均出现在 12:00 左右，梨（2.42cm³·cm⁻²·h⁻¹）和山楂（1.93cm³·cm⁻²·h⁻¹）峰值均出现在 14:00 左右，桃（1.30cm³·cm⁻²·h⁻¹）和核桃（2.11cm³·cm⁻²·h⁻¹）峰值均出现在 15:00 左右。

雨天：杏、李液流趋势呈"双峰"型，杏（2.83cm³·cm⁻²·h⁻¹、3.39cm³·cm⁻²·h⁻¹）和李（6.01cm³·cm⁻²·h⁻¹、5.92cm³·cm⁻²·h⁻¹）峰值均出现在 11:00 和 15:00 左右，梨、桃、山楂、核桃呈"单峰"型，梨（0.87cm³·cm⁻²·h⁻¹）、桃（1.19cm³·cm⁻²·h⁻¹）、山楂（1.56cm³·cm⁻²·h⁻¹）和核桃（2.22cm³·cm⁻²·h⁻¹）峰值均出现在 11:00 左右。

典型天气下各树种液流密度整体排名为阴天：李（3.52±2.06cm³·cm⁻²·h⁻¹）>杏（2.78±1.64cm³·cm⁻²·h⁻¹）>核桃（2.19±1.26cm³·cm⁻²·h⁻¹）>山楂（2.05±0.98cm³·cm⁻²·h⁻¹）>

梨（1.41±0.63cm³·cm⁻²·h⁻¹）>桃（1.38±0.51cm³·cm⁻²·h⁻¹）。

晴天：李（6.49±3.95cm³·cm⁻²·h⁻¹）>杏（5.40±3.06cm³·cm⁻²·h⁻¹）>核桃（5.05±2.88cm³·cm⁻²·h⁻¹）>山楂（4.69±2.36cm³·cm⁻²·h⁻¹）>梨（2.54±1.34cm³·cm⁻²·h⁻¹）>桃（2.51±1.16cm³·cm⁻²·h⁻¹）。

雨天：李（3.10±1.75cm³·cm⁻²·h⁻¹）>杏（2.74±1.11cm³·cm⁻²·h⁻¹）>核桃（2.13±1.15cm³·cm⁻²·h⁻¹）>山楂（1.98±1.03cm³·cm⁻²·h⁻¹）>梨（1.05±0.46cm³·cm⁻²·h⁻¹）>桃（1.01±0.56cm³·cm⁻²·h⁻¹）。

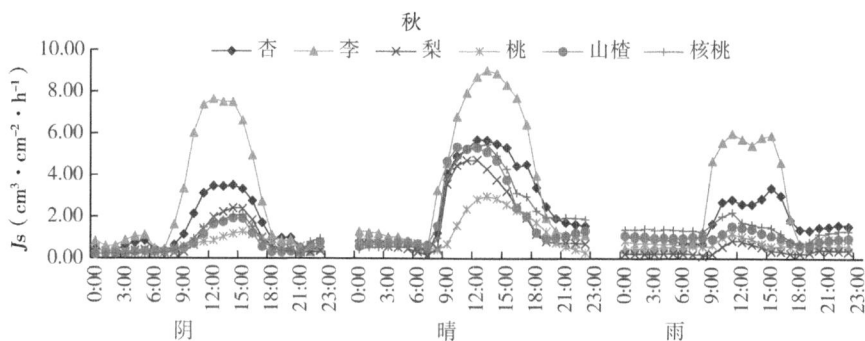

图2-3 秋季典型天气下各树种液流日变化

2.2 经济林树种液流月变化特征

由表2-1、图2-4可知，各树种液流密度月变化差异明显，即使同一科（杏、李、梨、桃）间液流曲线相似，但液流峰值、启动时间也差异明显。随着月份推移，各树种液流密度呈现出先增加后减少的趋势，且液流变化明显受到树种生长状况影响。生长季内各树种液流波动幅度最大是李（0.18~14.46cm³·cm⁻²·h⁻¹，约80倍），最小是桃（0.32~6.84cm³·cm⁻²·h⁻¹，约21倍）；而液流峰值波动幅度最大是核桃（1.56~17.28cm³/cm²·h¹，约11倍），最小是梨（2.15~6.98cm³·cm⁻²·h⁻¹，约3倍）。

表 2-1　各树种液流月变化（cm³·cm⁻²·h⁻¹）

树种	4月	5月	6月	7月	8月	9月	10月
杏	4.99	6.84	6.96	5.03	5.54	3.14	2.53
李	4.92	6.68	7.06	5.25	6.17	4.36	3.98
梨	3.12	4.10	4.19	2.58	3.35	2.38	2.73
桃	3.63	3.18	2.02	1.01	1.64	2.28	1.31
山楂	2.89	5.80	6.49	3.04	3.31	2.16	1.42
核桃	2.38	6.97	7.77	3.28	3.66	2.55	1.29
均值	3.66	5.60	5.75	3.37	3.95	2.81	2.21

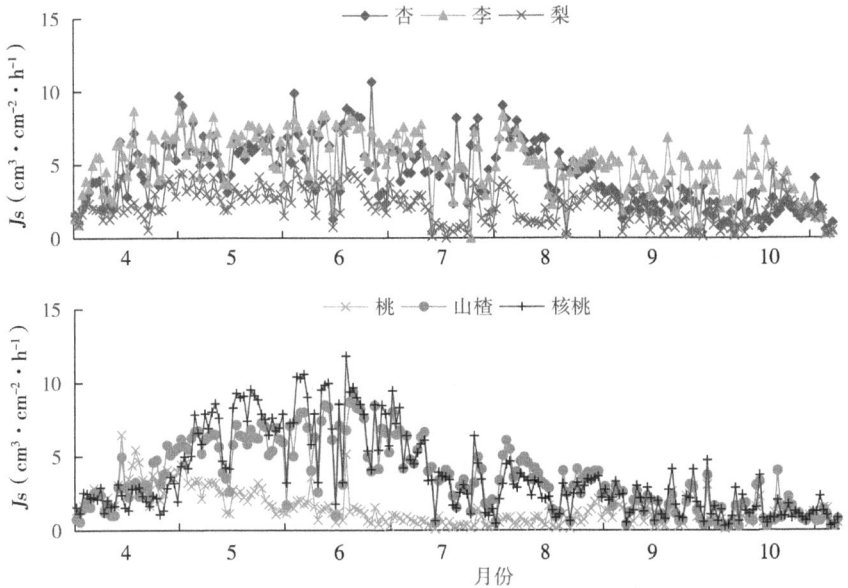

图 2-4　各树种液流密度月变化

各树种不同月份液流强度整体排名为：6月>5月>8月>4月>7月>9月>10月。杏、山楂液流不同月份变化曲线相似，具体月份排名为6月>5月>8月>7月>4月>9月>10月；李、梨、核液流前三个月液流变化相似，为6月>5月>8月，后四个月变化各不相同，具体为李液流7月>4月>9月>10月，核桃液流7月>9月>4月>10月，梨液流4月>10月>7月>9月；其中桃液流与其他树种液流变化趋势差异较大，具体为4月>5月>9月>6月>8月>10月>7月。

各树种在 7、8 两月液流都有一定程度的降低，主要原因是：2021 年夏季北京出现了大雨季，长时间土壤水分饱和，打破了各树种水分供给平衡，导致各树种液流活动减弱。李、梨由于树种自身生理特性，其落叶期晚于其他树种，在液流上表现出 10 月液流密度大于其他树种。梨树根系生长每年有两个生长高峰，第一次生长高峰出现在新梢停止生长时，第二次高峰出现在 9 月和 10 月[83]。

2.3 经济林树种液流季节变化特征

结合表 2-2、图 2-2 可知，不同季节各树种液流密度差异较大，具体排名为春季（$4.63 \pm 1.06 \mathrm{cm}^3 \cdot \mathrm{cm}^{-2} \cdot \mathrm{h}^{-1}$）>夏季（$4.35 \pm 1.71 \mathrm{cm}^3 \cdot \mathrm{cm}^{-2} \cdot \mathrm{h}^{-1}$）>秋季（$2.51 \pm 0.92 \mathrm{cm}^3 \cdot \mathrm{cm}^{-2} \cdot \mathrm{h}^{-1}$）。

春季各树种白天液流密度波动较大，夜间液流速率波动平缓。各树种液流密度排名为：杏（$5.92 \pm 2.38 \mathrm{cm}^3 \cdot \mathrm{cm}^{-2} \cdot \mathrm{h}^{-1}$）>李（$5.80 \pm 2.35 \mathrm{cm}^3 \cdot \mathrm{cm}^{-2} \cdot \mathrm{h}^{-1}$）>核桃（$4.68 \pm 2.71 \mathrm{cm}^3 \cdot \mathrm{cm}^{-2} \cdot \mathrm{h}^{-1}$）>山楂（$4.35 \pm 1.97 \mathrm{cm}^3 \cdot \mathrm{cm}^{-2} \cdot \mathrm{h}^{-1}$）>梨（$3.61 \pm 1.20 \mathrm{cm}^3 \cdot \mathrm{cm}^{-2} \cdot \mathrm{h}^{-1}$）>桃（$3.41 \pm 0.93 \mathrm{cm}^3 \cdot \mathrm{cm}^{-2} \cdot \mathrm{h}^{-1}$）。梨、桃液流活动明显弱于其他树种，主要原因有二：一是梨、桃枝叶明显稀疏于其他树种，总叶面积相对较小；二是梨、桃自身需水量相对其他树种较小。

表 2-2 各树种液流季节变化（$\mathrm{cm}^3 \cdot \mathrm{cm}^{-2} \cdot \mathrm{h}^{-1}$）

树种	春季	夏季	秋季
杏	5.92	5.84	2.84
李	5.80	6.16	4.17
梨	3.61	3.37	2.56
桃	3.41	1.56	1.80
山楂	4.35	4.28	1.79
核桃	4.68	4.90	1.92
均值	4.63	4.35	2.51

夏季各树种液流密度整体较春季小，白天液流波动相对平缓。李的液流密度最强，桃液流密度最弱，各树种液流密度排名为：李（$6.16 \pm 2.11 \mathrm{cm}^3 \cdot \mathrm{cm}^{-2} \cdot \mathrm{h}^{-1}$）>杏（$5.84 \pm 2.07 \mathrm{cm}^3 \cdot \mathrm{cm}^{-2} \cdot \mathrm{h}^{-1}$）>核

桃（4.90±1.69cm³·cm⁻²·h⁻¹）＞山楂（4.28±1.58cm³·cm⁻²·h⁻¹）＞梨（3.37±0.56cm³·cm⁻²·h⁻¹）＞桃（1.56±0.49cm³·cm⁻²·h⁻¹）。山楂、核桃液流降低趋势比其他树种更为明显，杏、李液流下降程度较低，原因是林内积水，导致长时间土壤水分饱和，土壤水分含量超出了山楂、核桃的耐涝范围，而杏、李较为耐涝。梨、桃液流弱于其他树种，是因为梨、桃具有不喜水的生理特征，受雨季和积水的强烈影响，生理活动减弱，故其液流降低较大。

秋季各树种液流速率整体比春、夏季波动相对较小。各树种液流密度整体排名为：李（4.17±1.81cm³·cm⁻²·h⁻¹）＞杏（2.84±0.74cm³·cm⁻²·h⁻¹）＞梨（2.56±0.43cm³·cm⁻²·h⁻¹）＞核桃（1.92±0.63cm³·cm⁻²·h⁻¹）＞桃（1.80±0.47cm³·cm⁻²·h⁻¹）＞山楂（1.79±0.55cm³·cm⁻²·h⁻¹）。李树液流密度大于其他树种，是因为李树落叶期晚于其他树种，维持蒸腾和生存的需水量大于其他树种。

2.4　讨论

树种液流一般呈现出昼高夜低的日变化趋势，启动时间为日出前后，峰值出现在午间。本研究中各经济林树种液流变化具有明显的昼夜差异，液流变化趋势大体呈现出晴天"单峰"型，峰值在13:00左右；阴天"双峰"型，峰值在12:00左右；雨天"单峰"型，峰值在14:00左右，液流密度整体表现出晴天＞阴天＞雨天；树种不同，液流变化趋势、峰值、启动时间皆不相同。周玉燕等[84]发现山旱塬区苹果树干液流有明显的时间变化特征，不同天气条件下苹果树干茎流速率为晴天大于雨天；晴天液流峰值出现在15:00左右，阴天出现在12:00和17:00左右，和本研究结果基本一致。

随着月份推移，各树种液流密度逐渐变化。本研究表明树种液流在6月达到峰值后缓慢减少直至树种休眠期；各树种在不同月份液流强度排名大致为：6月＞5月＞8月＞7月＞4月＞9月＞10月，不同月份树种生长状况不同，直接影响液流变化。桑玉强等[34]研究发现核桃树最大液流量出现在5月、6月，其次为7月、8月、9月，和本研究结果基本一致。党宏忠等[63]发现黄土高原苹果，在整个年生育周期中，6月、7月耗水量最多，马长明等[35]发现核桃树干液流速率达到峰值，和本研究中7月耗水量有所差异，原因是2021年北京出现了大雨季，导致各树种液流减弱，耗水量降低。

经济林树种液流一般呈现夏季>春季>秋季的趋势。本研究表明，各经济林树种液流变化在季节上的整体表现为春季>夏季>秋季。高俊等[85]发现杏树液流夏季>春季>秋季，与研究结果不一致。主要原因是：由于各树种受到了大雨季的影响，树种生长状态不佳、土壤水分供给充足，甚至水分过多造成了树种生存胁迫；春季时间较短，夏季时间较长，各树种在夏季经历生育期较多，甚至部分树种进入了叶片变色期，故各树种液流整体上春季>夏季，但此结果具有特例性。部分研究结果与本研究结果相似，马文涛[86]等发现由于干旱区夏季太阳辐射过强、降雨较少，会导致富士苹果面临一定的生存胁迫，导致树干液流春季>夏季>秋季。

本研究中生长季内各树种总耗水量为核桃（$1.35 \pm 0.16 \text{m}^3 \cdot$ 株$^{-1}$）、杏（$1.15 \pm 0.10 \text{m}^3 \cdot$ 株$^{-1}$）、李（$0.83 \pm 0.06 \text{m}^3 \cdot$ 株$^{-1}$）、山楂（$0.68 \pm 0.05 \text{m}^3 \cdot$ 株$^{-1}$）、梨（$0.64 \pm 0.04 \text{m}^3 \cdot$ 株$^{-1}$）、桃（$0.40 \pm 0.02 \text{m}^3 \cdot$ 株$^{-1}$）。各树种耗水结果与他人研究结果有所差异[63]，主要有以下原因：一是同一树种的品种不同，所以生理结构、生长习性上侧重不同，耗水存在差异[87]；二是林分经营目的不一样，本研究中的经济林果树是以出产鲜果为主要经营目的的林分管理模式，与其他地区对相同树种的经营模式（如果园观光、果园采摘亲子游等）和灌溉方式（滴灌、漫灌等）可能存在差异；三是不同修剪程度不同，其冠幅和叶面积存在差异，进一步影响耗水；四是地理生境差异，导致同树种生存模式各不相同，耗水存在差异；五是树种果实产量不同，也是影响树种耗水的因子之一；六是可能试验树种林龄不同，也会影响耗水结果。

2.5 小结

各树种液流变化昼夜差异明显，具有明显的日变化特征和树种特异性；各树种液流变化趋势呈现出晴天"单峰"型，阴天"双峰"型，雨天"单峰"型。各树种液流整体表现出晴天（$4.43 \pm$

1.43cm^3·cm^{-2}·h^{-1}）＞阴天（2.21±1.16cm^3·cm^{-2}·h^{-1}）＞雨天（1.97±1.03cm^3·cm^{-2}·h^{-1}）的趋势。生长季内日均液流密度排名为李（5.64±0.71cm^3·cm^{-2}·h^{-1}）＞杏（5.03±0.48cm^3·cm^{-2}·h^{-1}）＞核桃（4.02±0.42cm^3·cm^{-2}·h^{-1}）＞山楂（3.65±0.39cm^3·cm^{-2}·h^{-1}）＞梨（3.26±0.26cm^3·cm^{-2}·h^{-1}）＞桃（2.43±0.13cm^3·cm^{-2}·h^{-1}）；生长季内各树种液流波动幅度最大是李（0.18~14.46cm^3·cm^{-2}·h^{-1}，约80倍），最小的是桃（0.32~6.84cm^3·cm^{-2}·h^{-1}，约21倍）。随着月份推移，各树种液流密度整体呈现出先增加后减少的趋势，且液流变化明显受到树种生长节律的影响；不同月份液流密度整体排名为6月＞5月＞8月＞4月＞7月＞9月＞10月。

第 3 章

经济林树种水分利用对环境因子
的响应特征

3.1 经济林树种液流对环境因子的响应

各树种液流对环境因子的响应具有相似性和特异性。由表 3-1 和图 3-1、图 3-2 可知,整个生长季内,各树种液流与 VPD、Rs、Ta、RH 均具有极显著相关性,但各树种液流与 P 相关性不一致。各树种液流峰值与气候因子峰值并不同步,说明树干液流对气象因子的响应存在时滞性。

表 3-1 环境因子和各树种液流密度相关性分析

树种	VPD	Rs	P	Ta	RH	SWP	Ts
杏	0.267**	0.825**	−0.007	0.606**	−0.531**	0.266**	−0.116
李	0.383**	0.925**	−0.050	0.591**	−0.631**	0.202**	−0.122
梨	0.462**	0.836**	−0.145*	0.484**	−0.684**	0.360**	−0.187*
桃	0.649**	0.523**	−0.233**	0.496**	−0.683**	0.341**	−0.458**
山楂	0.250**	0.821**	−0.062	0.591**	−0.529**	0.385**	−0.311
核桃	0.240**	0.720**	−0.098	0.522**	−0.496**	0.477**	−0.153

注:**在 0.01 级别(双尾),相关性显著。*在 0.05 级别(双尾),相关性显著。

由图 3-2 可知,各树种液流与 VPD 呈极显著正相关,相关系数分别为杏 0.267、李 0.383、梨 0.462、桃 0.649、山楂 0.250、核桃 0.240;夏季李、梨、山楂、核桃液流峰值早于 VPD 峰值

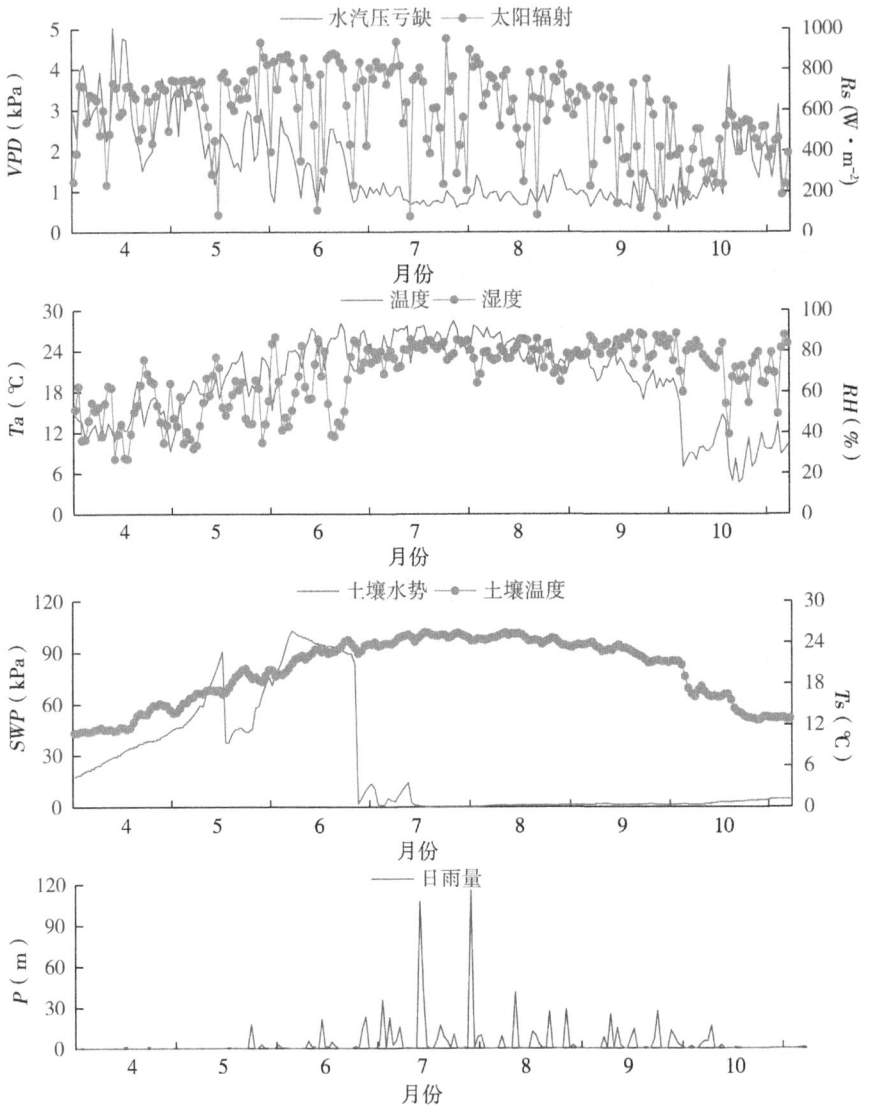

图 3-1 各环境因子月变化

（2.25kPa），其中杏、桃液流峰值早于 *VPD* 峰值出现，秋季各树种液流峰值皆早于 *VPD* 峰值（3.50kPa）。

各树种液流与 *Rs* 呈极显著正相关，相关系数分别为杏 0.825、李 0.925、梨 0.836、桃 0.523、山楂 0.821、核桃 0.720；各树种液流峰值大致出现于 *Rs* 峰值（夏季 631.09 W·m⁻²，秋季 468.92 W·m⁻²）之前，其中杏、桃液流峰值在夏季晚于 *Rs* 峰值出现。

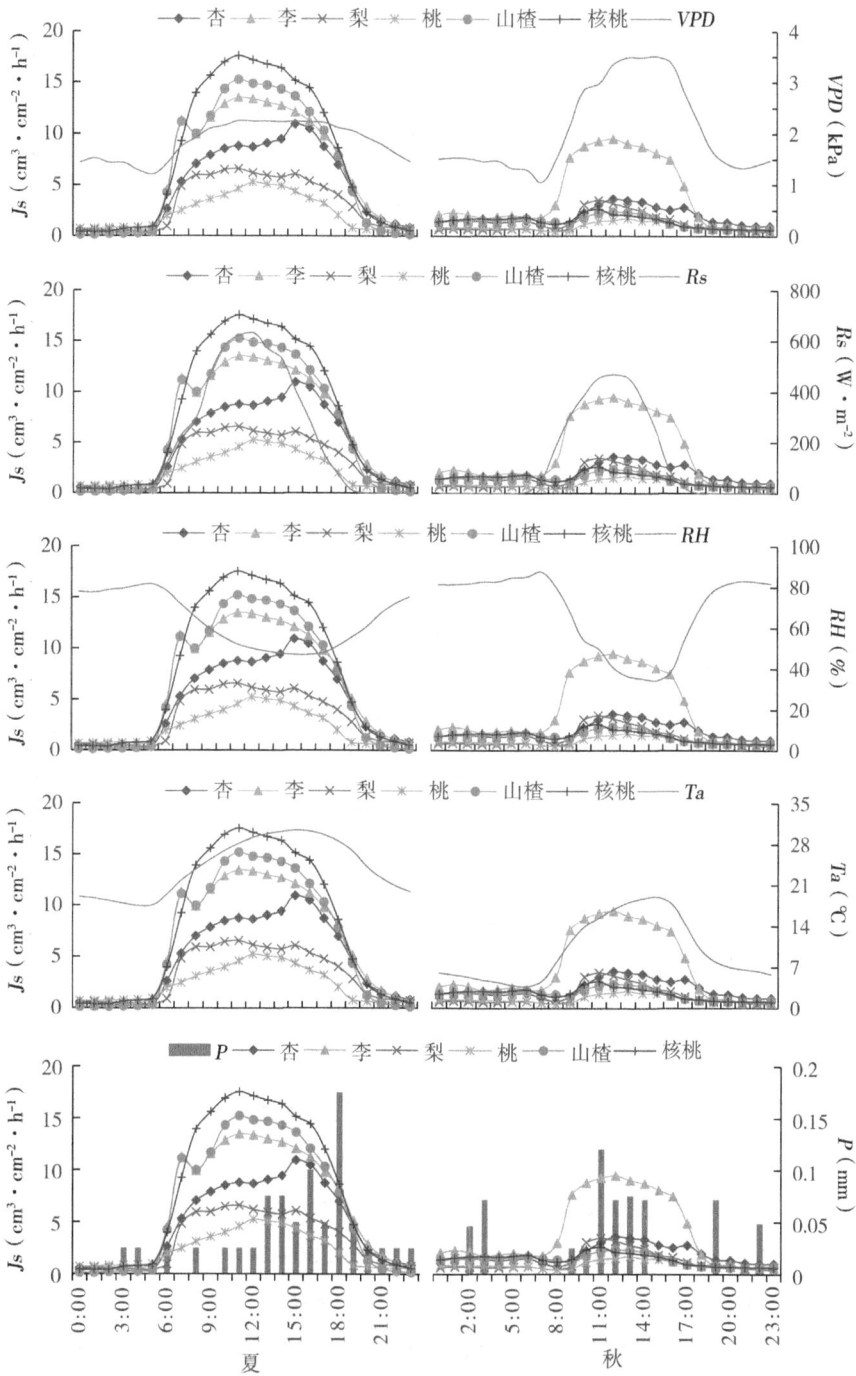

图 3-2　树种液流变化对气象因子的响应

各树种液流与 Ta 呈极显著正相关，相关系数分别为杏 0.606、李 0.591、梨 0.484、桃 0.496、山楂 0.591、核桃 0.522；各树种液流峰值生长季内均早于 Ta 峰值（夏季 30.35℃，秋季 18.99℃）出现，各树种液流密度随着 Ta 增加而增大，但当 Ta 大于各树种生长最适温度时，各树种液流密度随着 Ta 增加反而减少。

各树种液流与 RH 呈极显著负相关，相关系数分别为杏 0.531、李 0.631、梨 0.684、桃 0.683、山楂 0.529、核桃 0.496；各树种液流密度随着 RH 的减少而增大，各树种液流峰值均早于 RH 最小值（夏季 46.95%，秋季 34.30%）出现。

各树种液流与 P 相关性不一致，其中桃液流与 P 呈极显著负相关（0.233），梨液流与 P 呈显著负相关（0.145），杏、李、山楂、核桃液流与 P 无相关性。桃、梨液流峰值均早于最大值（夏季 0.18mm，秋季 0.12mm）出现。

由表 3-1 和图 3-3 可知，整个生长季内，梨液流与 Ts 呈显著负相关（0.187），桃液流与 Ts 呈极显著负相关（0.458），树种与 Ts 不相关。同时 Ts 受 SWP 的强烈影响，Ts 自 8 月后下降较大（23.79~14.68℃）。原因是 2021 年北京地区出现了大雨季（6 月底延续到 9 月中旬）。杏、李、山楂和核桃在日、月两个尺度上对 Ts 的响应表现出差异性，梨、桃表现出一致性。原因是日尺度上 Ts 虽然受白天阳光直射的强烈影响，在土壤比热容特性和地膜增温影响下，Ts 波动较小，但液流昼夜波动较大；月尺度上，受积温和其对树木生长发育的影响，Ts 波动较大，液流生长季内呈先增后减规律性波动，且树种存在种间差异、个体差异。

各树种液流在整个生长季内与 SWP 均呈极显著正相关，相关系数分别为杏（0.266）、李（0.202）、梨（0.360）、桃（0.341）、山楂（0.385）、核桃（0.477）。SWP 从 6 月到 7 月急剧下降（73.58~2.36 kPa），之后一直保持在较低水平（0.86~3.58 kPa）。杏、梨、桃、山楂和核桃液流与 SWP 在日、生长季尺度上均呈极显著正相关，生长季内，李液流在与 SWP 呈极显著正相关（0.202），在三种典型天气下李液流对 SWP 的响应均不相同。阴天、晴天 SWP 波动较小，只有在降雨等特殊时期 SWP 短时间内波动较大，月尺度上，北京地区降雨集中在 6~9 月，SWP 波动范围较大。

　　生长季内各树种液流密度与 Ts 的变化保持同步，在雨季到来前，各树种液流随 SWP 增加而增大，但当其数值过小会影响树种液流。试验中 6 月 Ts 大于 5 月 Ts，而各树种树干液流密度整体 6 月小于 5 月；4 月 SWP 大于 7 月 SWP，而各树种树干液流密度整体 4 月小于 7 月。各树种间虽然存在差异，但对各气象因子响应却是始终保持相似性，影响各树种液流变化的环境因子不是单一作用，而是多因子共同作用。

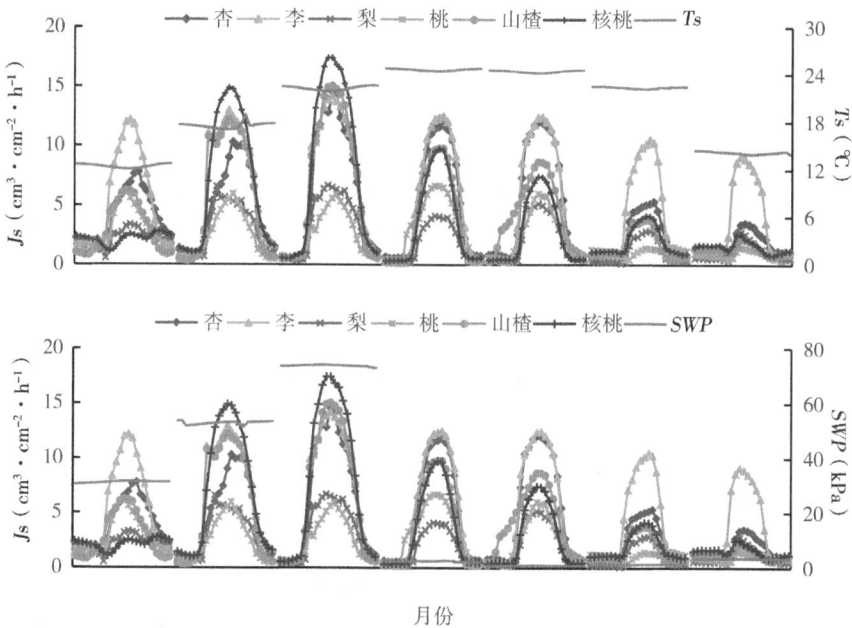

图 3-3　树种液流变化对土壤温度、土壤水势的响应

3.2　不同时间尺度经济林树种液流对环境因子响应的差异性

3.2.1　月尺度上经济林树种液流对环境因子的响应

　　由表 3-1 可知，月尺度上各树种对环境因子响应程度排名大体是 $Rs>RH>Ta>VPD>SWP>Ts>P$。各树种液流与 VPD、Rs、Ta、SWP 均呈极显著正相关性（$P<0.01$），与 RH 呈极显著负相关性（$P<0.01$）。梨树液流与 P 呈显著负相关（$P<0.05$，$R^2=0.145$），桃液

流与 P 呈极显著负相关（$P<0.01$，$R^2=0.233$）。梨液流与 Ts 呈显著负相关（$P<0.05$，$R^2=0.187$），桃液流与 Ts 呈极显著负相关（$P<0.01$，$R^2=0.458$）；杏、李、山楂和核桃液流与 Ts 无显著的负相关性。再一次体现了各树种液流变化受到各环境因子的共同作用。

3.2.2 日尺度上经济林树种液流对环境因子的响应

由表 3-2 可知，日尺度上各树种对各环境因子响应程度排名大致为 $Rs>RH>VPD>Ta>SWP>Ts>P$。在三种典型天气条件下，各树种液流与 VPD、Rs 都具有极显著的正相关性（$P<0.01$），与 RH 呈极显著负相关（$P<0.01$）；杏、梨、桃、山楂、核桃液流与 SWP 具有极显著的正相关性（$P<0.01$），李液流与 SWP 无相关性。阴天、晴天时，由于无降雨量，各树种液流与 P 无显著相关性。

表 3-2　典型天气条件下各树种液流变化与环境因子的相关性

天气	树种	VPD	Rs	P	Ta	RH	SWP	Ts
阴	杏	0.478 **	0.733 **	-0.240	0.422 **	-0.586 **	0.342 **	-0.151
	李	0.537 **	0.894 **	-0.256 *	0.430 **	-0.654 **	0.182	-0.122
	梨	0.597 **	0.713 **	-0.192	0.317 **	-0.689 **	0.330 **	-0.246 *
	桃	0.554 **	0.610 **	-0.234	0.271 *	-0.627 **	0.429 **	-0.312 **
	山楂	0.534 **	0.654 **	-0.215	0.319 **	-0.619 **	0.452 **	-0.266 *
	核桃	0.601 **	0.638 **	-0.232	0.296 *	-0.683 **	0.494 **	-0.321 **
晴	杏	0.552 **	0.827 **	0.086	0.785 **	-0.779 **	0.383 **	-0.114
	李	0.605 **	0.904 **	0.056	0.764 **	-0.779 **	00.126	-0.116
	梨	0.590 **	0.888 **	0.067	0.755 **	-0.781 **	0.308 **	-0.128
	桃	0.478 **	0.835 **	0.044	0.782 **	-0.729 **	0.375 **	-0.066
	山楂	0.523 **	0.854 **	0.150	0.736 **	-0.739 **	0.372 **	-0.134
	核桃	0.492 **	0.866 **	0.102	0.789 **	-0.741 **	0.368 **	-0.068
雨	杏	0.509 **	0.799 **	0.039	0.378 **	-0.584 **	0.255 **	-0.114
	李	0.524 **	0.912 **	0.061	0.335 **	-0.587 **	0.240 *	-0.156
	梨	0.720 **	0.558 **	-0.156 *	00.187	-0.756 **	0.513 **	-0.366 **
	桃	0.609 **	0.641 **	-0.197 *	0.092	-0.635 **	0.468 **	-0.402 **
	山楂	0.622 **	0.693 **	-0.081	0.260 *	-0.679 **	0.419 **	-0.272 **
	核桃	0.692 **	0.648 **	-0.112	0.171	-0.735 **	0.493 **	-0.381 **

注：** 在 0.01 级别（双尾），相关性显著。* 在 0.05 级别（双尾），相关性显著。

晴天时，各树种液流与 Ta 呈极显著正相关，各树种液流与 Ts 都无显著相关性。

阴天时，杏、李、梨和山楂液流与 Ta 均呈极显著正相关（$P<0.01$），相关系数分别为 0.422、0.430、0.317、0.319，桃和核桃液流与 Ta 呈显著正相关（$P<0.05$），相关系数分别为 0.271、0.496。桃和核桃液流与 Ts 呈极显著负相关（$P<0.01$），相关系数分别为 0.312、0.321，梨和山楂液流与 Ts 呈显著负相关（$P<0.05$），相关系数分别为 0.246、0.266，杏和李液流与 Ta 无显著相关性。

雨天时，杏和李液流与 Ta 呈极显著正相关（$P<0.01$），相关系数分别为 0.378、0.355；山楂液流与 Ta 呈显著正相关（$P<0.05$，$R^2=0.260$）。梨和桃液流与 P 呈显著负相关（$P<0.05$），相关系数分别为 0.156、0.197。李液流与 SWP 呈显著正相关（$P<0.05$，$R^2=0.240$）。梨、桃、核桃液流与 Ts 呈极显著负相关（$P<0.01$），相关系数分别为 0.366、0.402、0.381，山楂液流与 Ts 呈显著负相关（$P<0.05$，$R^2=0.272$）。

3.3　经济林树种液流相对于环境因子的时滞效应

生长季内各树种液流变化皆对 VPD、Rs、Ta、RH 等环境因子 0~3h 的滞后、实时或者提前响应，但在不同天气、季节、生育期同一树种对同一环境因子的时滞效应存在一定差异。采用错位分析法，将各树种液流与环境因子±3h 进行相关性分析，其结果见表 3-3。

杏、李、梨液流密度与−1hVPD 的相关系数最大，相关系数分别为 0.286、0.421、0.478；桃、山楂、核桃液流密度与−2hVPD 的相关系数最大，相关系数分别为 0.682、0.303、0.266。

杏、李、梨、山楂、核桃液流密度均对+1hRs 的响应程度最高，相关系数分别为 0.853、0.945、0.863、0.826、0.735，桃液流密度与实时 Rs 的相关性最强，相关系数为 0.163。

杏、李、梨、桃、核桃液流密度对+3h P 的响应程度最高，相关系数分别为 0.172、0.179、0.251、0.265、0.179，山楂液流密度与+2h P 的相关性最强，相关系数为 0.163。

杏、李、梨液流密度对−1h Ta 响应程度最高，相关系数分别为 0.634、0.633、0.514；山楂、核桃液流密度对−2h Ta 响应程度最高，相关系数分别为 0.652、0.559，桃液流密度与实时 Ta 相关性最大（0.496）。

表 3-3　各树种液流密度与环境因子错位相关性分析

环境因子	错位时间（h）	杏	李	梨	桃	山楂	核桃
VPD		0.080	0.122	0.230**	0.453**	0.037	0.076
Rs		0.711**	0.757**	0.704**	0.346**	0.653**	0.596**
P		-0.172*	-0.179*	-0.251**	-0.265**	-0.162*	-0.179*
Ta	3	0.340**	0.227**	0.197*	-0.189*	0.296**	0.293**
RH		-0.222**	-0.220**	-0.326**	-0.386**	-0.174*	-0.222**
SWP		0.251**	0.183*	0.338**	0.321**	0.373**	0.463**
Ts		0.107	0.026	-0.072	-0.454**	0.131	0.099
VPD		0.155*	0.221**	0.323**	0.526**	0.116	0.140
Rs		0.813**	0.886**	0.816**	0.433**	0.768**	0.691**
P		-0.133	-0.153*	-0.237**	-0.263**	-0.163*	-0.175*
Ta	2	0.454**	0.373**	0.321**	-0.095	0.411**	0.388**
RH		-0.346**	-0.379**	-0.469**	-0.495**	-0.308**	-0.329**
SWP		0.256**	0.189*	0.345**	0.328**	0.377**	0.467**
Ts		0.108	0.005	-0.072	-0.457**	0.133	0.099
VPD		0.222**	0.313**	0.407**	0.596**	0.189*	0.197*
Rs		0.853**	0.945**	0.863**	0.497**	0.826**	0.735**
P		-0.071	-0.104	-0.200**	-0.250**	-0.118	-0.147
Ta	1	0.547**	0.500**	0.422**	-0.012	0.513**	0.467**
RH		-0.455**	-0.522**	-0.596**	-0.601**	-0.431**	-0.424**
SWP		0.261**	0.196*	0.353**	0.335**	0.381**	0.472**
Ts		0.111	0.011	-0.071	-0.458**	0.136	0.102
VPD		0.286**	0.421**	0.478**	0.675**	0.289**	0.263**
Rs		0.731**	0.827**	0.738**	0.506**	0.757**	0.647**
P		0.073	0.004	-0.090	-0.220**	-0.004	-0.045
Ta	-1	0.634**	0.633**	0.514**	0.076	0.638**	0.554**
RH		-0.562**	-0.686**	-0.716**	-0.729**	-0.587**	-0.534**
SWP		0.270**	0.205**	0.365**	0.345**	0.388**	0.481**
Ts		0.121	0.020	-0.059	-0.464**	0.142	0.110

（续）

环境因子	错位时间（h）	杏	李	梨	桃	山楂	核桃
VPD		0.278 **	0.420 **	0.463 **	0.682 **	0.303 **	0.266 **
Rs		0.582 **	0.666 **	0.579 **	0.447 **	0.643 **	0.527 **
P		0.125	0.052	−0.042	−0.213 **	0.043	0.003
Ta	−2	0.630 **	0.631 **	0.509 **	0.081	0.652 **	0.559 **
RH		−0.552 **	−0.683 **	−0.699 **	−0.743 **	−0.602 **	−0.538 **
SWP		0.274 **	0.206 **	0.369 **	0.348 **	0.390 **	0.484 **
Ts		0.128	0.023	−0.05	−0.468 **	0.143	0.117
VPD		0.251 **	0.388 **	0.423 **	0.674 **	0.293 **	0.252 **
Rs		0.393 **	0.457 **	0.379 **	0.351 **	0.483 **	0.370 **
P		0.171 *	0.102	0.004	−0.204 **	0.087	0.042
Ta	−3	0.597 **	0.590 **	0.473 **	0.066	0.637 **	0.539 **
RH		−0.506 **	−0.632 **	−0.640 **	−0.731 **	−0.577 **	−0.511 **
SWP		0.277 **	0.207 **	0.373 **	0.352 **	0.391 **	0.486 **
Ts		0.138	0.028	−0.037	−0.471 **	0.146	0.125

注：** 在 0.01 级别（双尾），相关性显著。* 在 0.05 级别（双尾），相关性显著。

杏、李、梨液流密度对 −1h RH 的响应程度最高，相关系数分别为 0.562、0.686、0.716；桃、山楂和核桃液流密度对 −2h RH 响应程度最高，相关系数分别为 0.743、0.602、0.538。

杏、李、梨、桃、山楂、核桃液流密度与 −3h SWP 相关性最大，相关系数分别为 0.277、0.207、0.373、0.352、0.391、0.486。

梨液流密度与实时 Ts 的相关系数最大（0.187），桃液流密度对 −3h Ts 的响应程度最高（0.471）。

3.4　主成分分析与回归模型

3.4.1　主成分分析

将环境因子和各树种液流变化进行主成分分析，其结果见表 3-4 和表 3-5，提取 3 个主成分，即 $k=3$。三个因子变量的特征值分别为 3.454、1.913 和 0.731，第一主成分解释了影响各树种液流变化总变

异的 49.348%，第二主成分解释了总变异的 27.326%，第三主成分
则解释了 10.445%，前三项主成分便已经累计解释了总变异的
87.119%，大于 85%。

表 3-4　主成分提取

成分	初始特征值			提取载荷平方和		
	总计	方差的	累计	总计	方差的	累计
1	3.454	49.348	49.348	3.454	49.348	49.348
2	1.913	27.326	76.674	1.913	27.326	76.674
3	0.731	10.446	87.119	0.731	10.446	87.119
4	0.666	9.515	96.634			
5	0.206	2.939	99.573			
6	0.025	0.357	99.930			
7	0.005	0.070	100.000			

表 3-5　主成分矩阵

环境因子	公因子方差		成分矩阵			成分得分系数矩阵		
	初始	提取	1	2	3	1	2	3
P	1.000	0.995	0.571	0.203	0.792	0.218	-0.079	1.077
Ta	1.000	0.950	0.205	0.952	-0.051	-0.018	0.505	0.028
RH	1.000	0.974	0.927	-0.306	-0.142	-0.335	-0.105	-0.110
Rs	1.000	0.749	-0.408	0.757	-0.096	0.116	0.404	-0.105
VPD	1.000	0.967	-0.962	0.036	0.198	0.353	-0.048	0.157
SWP	1.000	0.562	-0.739	0.124	0.032	0.222	0.042	-0.025
Ts	1.000	0.902	0.767	0.532	-0.176	-0.253	0.331	-0.105

由此可见，三个主成分能较好地反映影响树种液流变化的各环
境因子大部分信息。且根据成分矩阵（表 3-4）可知，第一主成分
主要包含 VPD（-0.962）和 RH（0.927），且占比较大，但 Ts
（0.767）和 SWP（-0.739）也包含其中，只是比重相比 VPD 和 RH
较少；第二主成分则主要是 Ta（0.952）、Rs（0.757）、Ts
（0.532）；第三主成分则以 P（0.792）为主。这些主成分因子是体
现各树种液流变化对各环境因子响应关系的主要因子，在很大程度
上决定了各树种液流变化的趋势。生长季内影响树种液流变化的 7

项环境因子主要以 VPD、Rs、RH、Ta 为主，之后是 P、Ts，而 SWP 则对其影响相比较小，与 4.2.3 节分析结果基本一致。

3.4.2　日尺度上树种液流与环境因子回归模型

将典型天气下各树种液流（y）与环境因子进行回归分析，拟合多元回归模型，其结果见表 3-6：阴天时，杏、山楂、核桃液流对各环境因子中主要响应因子排序为 Rs、SWP，李液流为 Rs、Ta，对梨液流变化影响最大的是 Rs，桃液流对 Rs、Ts 响应程度最大。晴天时，杏、桃、山楂液流对各环境因子中主要响应因子排序为 Rs、SWP、

表 3-6　典型天气下各树种液流密度与环境因子的回归模型

天气	树种	回归方程	R^2	P
阴	杏	$y = 8.986\text{E-}6Rs + 5.906\text{E-}6SWP$	0.899	<0.01
	李	$y = 0.001 + 1.134\text{E-}5Rs - 2.773\text{E-}5Ta$	0.926	<0.05
	梨	$y = 4.272\text{E-}6Rs - 9.880\text{E-}5$	0.872	<0.05
	桃	$y = 0.001 + 2.939\text{E-}6Rs - 2.646\text{E-}5Ts$	0.781	<0.01
	山楂	$y = 6.776\text{E-}6Rs + 7.977\text{E-}6SWP$	0.857	<0.01
	核桃	$y = 6.420\text{E-}6Rs + 8.798\text{E-}6SWP$	0.865	<0.01
晴	杏	$y = -0.001 + 2.518\text{E-}6Rs + 1.356\text{E-}5SWP + 6.524\text{E-}5Ta$	0.822	<0.01
	李	$y = 0.002 + 3.968\text{E-}6Rs - 1.882\text{E-}5RH$	0.894	<0.01
	梨	$y = 1.918\text{E-}6Rs + 5.890\text{-}6SWP$	0.836	<0.01
	桃	$y = -0.002 + 1.181\text{E-}6Rs + 6.937\text{E-}6SWP + 6.564\text{E-}5Ta$	0.877	<0.01
晴	山楂	$y = -0.001 + 3.026\text{E-}6Rs + 1.408\text{E-}5SWP + 4.166\text{E-}5Ta$	0.799	<0.05
	核桃	$y = 0.004 + 2.717\text{E-}6Rs + 1.485\text{E-}5SWP - 0.001VPD$	0.926	<0.01
雨	杏	$y = 2.518\text{E-}6Rs + 1.356\text{E-}5SWP + 6.524\text{E-}5Ta$	0.829	<0.05
	李	$y = 0.001 + 6.331\text{E-}6Rs - 1.143\text{E-}5RH$	0.912	<0.01
	梨	$y = 1.662\text{E-}6Rs + 3.308\text{E-}6SWP$	0.829	<0.01
	桃	$y = 1.55\text{E-}6Rs + 2.661\text{E-}6SWP$	0.733	<0.01
	山楂	$y = 4.687\text{-}6Rs + 4.924\text{E-}6SWP$	0.824	<0.01
	核桃	$y = 4.899\text{E-}6Rs + 9.236\text{E-}6SWP$	0.857	<0.01

Ta，李液流为 Rs、RH、P，梨液流对 Rs、SWP 响应程度最大，桃液流对 Rs、SWP、VPD 响应程度最大。雨天时，梨、桃、山楂、核桃液流对各环境因子中主要响应因子排序为 Rs、SWP，杏液流为 Rs、SWP、Ta，对李液流变化影响最大的是 Rs、RH。

3.4.3 月尺度上树种液流与环境因子回归模型

将各树种整个生长季内每日树干液流（y）与环境因子进行回归分析，拟合多元回归模型，其结果见表 3-5：杏液流对各环境因子中主要响应因子排序为 Rs、Ta、SWP，回归模型为 $y=4.042E-6Rs+3.769ETa-5+4.045E-6SWP$（$R^2=0.807$）。对李液流变化影响最大的是 Rs，回归模型为 $y=5.994E-6Rs$（$R^2=0.861$）。梨液流对 Rs、SWP 响应程度最大，回归模型为 $y=2.071E-6Rs+4.475E-6SWP$（$R^2=0.816$）。桃液流对 Rs、VPD 响应程度最大，回归模型为 $y=2.089E-6Rs+6.329E-5VPD$（$R^2=0.708$）。山楂液流对各环境因子中主要响应因子排序为 Rs、SWP、VPD、RH，回归模型为 $y=4.182E-6Rs+1.225E-5SWP-0.001D-2.118E-5RH+0.02$（$R^2=0.786$）。核桃液流对各环境因子中主要响应因子排序为 Rs、SWP、VPD，回归模型为 $y=0.003+3.624E-6Rs+2.663E-5SWP-0.001D$（$R^2=0.767$）。表3-7 与表 3-4、3-5 所反映的环境因子有所差异，因为表 3-4、表 3-5 是大环境中对各经济林树种整体产生重要影响的环境因子，而表 3-7 体现了不同树种对各环境因子的主要响应程度，二者并不冲突。

表 3-7　各树种液流密度与环境因子的回归分析

树种	回归方程	R^2	P
杏	$y=4.042E-6Rs+3.769ETa-5+4.045E-6SWP$	0.807	<0.01
李	$y=-7E-09Rs^2+9E-06Rs+0.0004$	0.882	<0.01
梨	$y=2.071E-6Rs+4.475E-6SWP$	0.816	<0.01
桃	$y=2.089E-6Rs+6.329E-5VPD$	0.708	<0.01
山楂	$y=4.182E-6Rs+1.225E-5SWP-0.001VPD-2.118E-5RH+0.02$	0.786	<0.01
核桃	$y=0.003+3.624E-6Rs+2.663E-5SWP-0.001VPD$	0.767	<0.01

3.4.4　单个环境因子与树种液流回归模型

将生长季内各树种每月液流数据与单一重要响应的环境因子进行拟合，得到图 3-4。各散点图和拟合方程反映了单个环境因子与液流的整体趋势，发现单一环境因子与树种液流的拟合方程 R^2 比多环境因子拟合方程 R^2 小，证明了大多数树种液流变化受到了多个环境因子的共同作用，也从侧面验证了表 3-7 回归方程的精确度。

3.5　讨论

经济林树种液流受环境影响具有较大复杂性，不同地区、不同水热条件、不同气候对树种液流的影响均不相同。本研究中各经济林树种液流受到 VPD、Rs、P、RH、Ta、SWP、Ts 等环境因子的显著影响，各经济林树种液流与 VPD、Rs、Ta、SWP 呈极显著正相关性，与 RH 呈极显著负相关性，液流密度的变化与气象因子之间存在时滞性。这一结论众多研究者得出结论相似。例如，王华等[44]发现树木液流与 VPD、Rs 等呈正相关，与 RH 呈负相关。孙雨婷等[46]发现晴天时，枣树茎流的主要影响因子是 Rs，而阴天时则是 Ta。万发等[47]发现引黄灌区苹果树白天液流主要驱动因子为 VPD、Rs、Ta 等环境因素，液流变化与气象因子间存在时滞性。

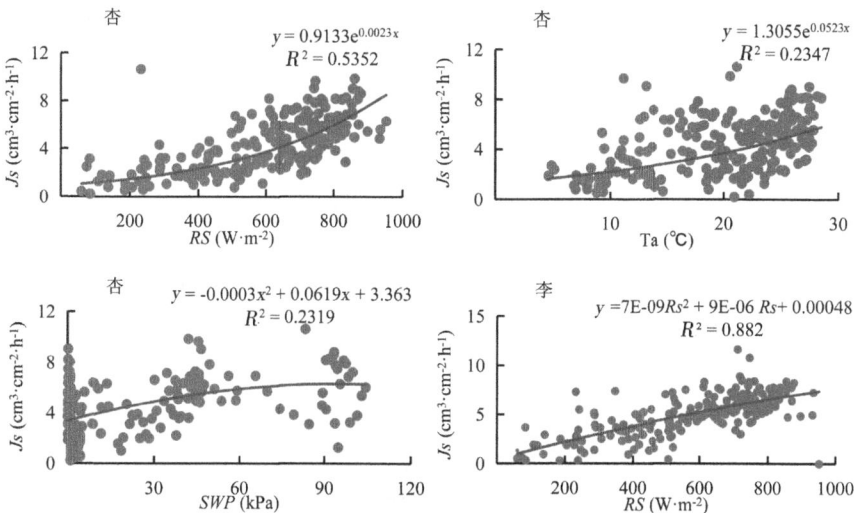

图 3-4　各树种液流与重要环境因子拟合（一）

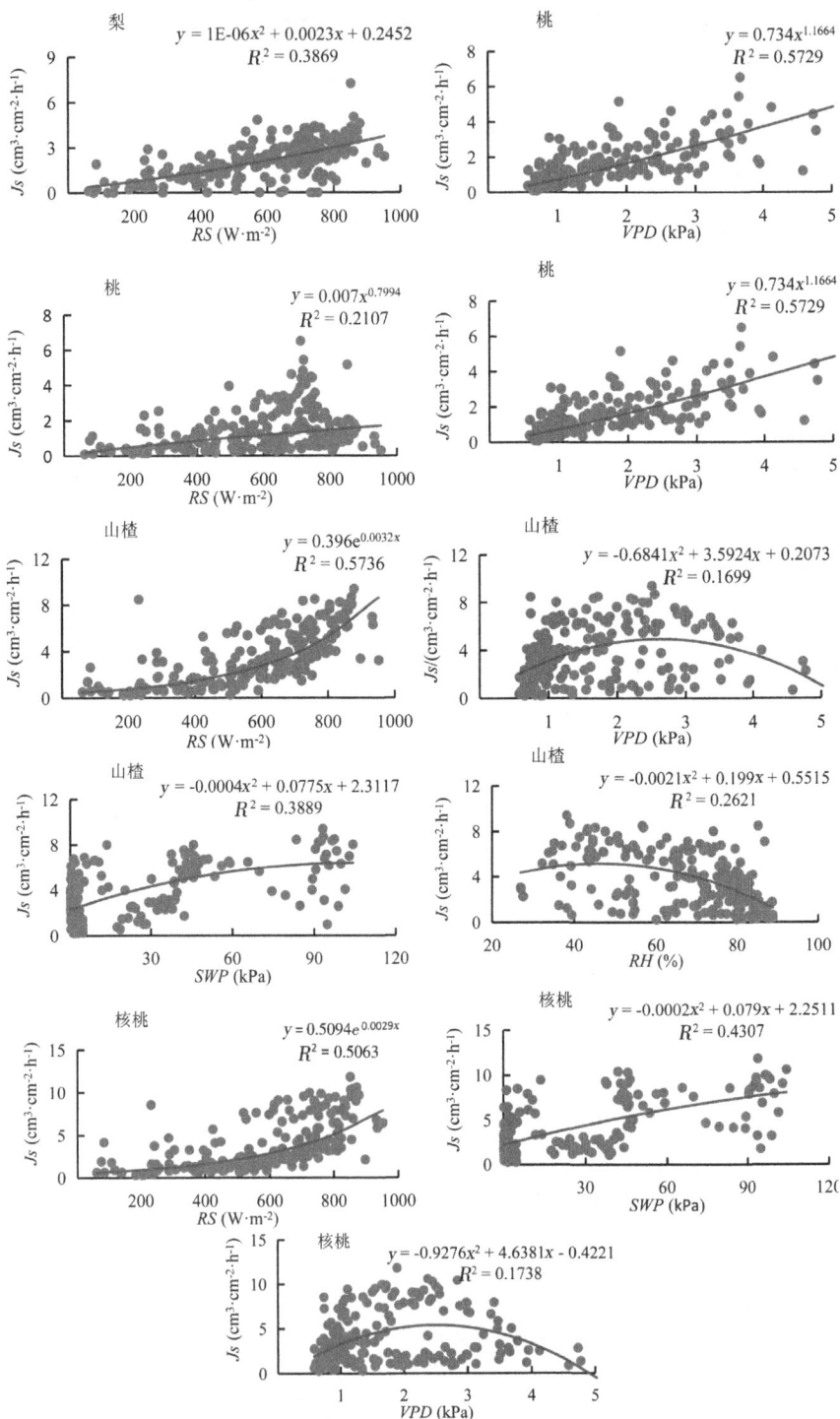

梨
$$y = 1\text{E-}06x^2 + 0.0023x + 0.2452$$
$$R^2 = 0.3869$$

桃
$$y = 0.734x^{1.1664}$$
$$R^2 = 0.5729$$

桃
$$y = 0.007x^{0.7994}$$
$$R^2 = 0.2107$$

桃
$$y = 0.734x^{1.1664}$$
$$R^2 = 0.5729$$

山楂
$$y = 0.396e^{0.0032x}$$
$$R^2 = 0.5736$$

山楂
$$y = -0.6841x^2 + 3.5924x + 0.2073$$
$$R^2 = 0.1699$$

山楂
$$y = -0.0004x^2 + 0.0775x + 2.3117$$
$$R^2 = 0.3889$$

山楂
$$y = -0.0021x^2 + 0.199x + 0.5515$$
$$R^2 = 0.2621$$

核桃
$$y = 0.5094e^{0.0029x}$$
$$R^2 = 0.5063$$

核桃
$$y = -0.0002x^2 + 0.079x + 2.2511$$
$$R^2 = 0.4307$$

核桃
$$y = -0.9276x^2 + 4.6381x - 0.4221$$
$$R^2 = 0.1738$$

图 3-4　各树种液流与重要环境因子拟合（二）

　　各树种对于不同的环境因子响应程度不一致。本研究表明生长季内各树种对各环境因子中主要响应因子程度，杏树排序为 Rs、Ta、SWP，山楂树排序为 Rs、SWP、VPD、RH，核桃树排序为 Rs、SWP、VPD，桃树液流对 Rs、VPD 响应程度最大。这表明，影响树木液流的主要气象因子因树种的差异而存在差别。同时各树种液流在不同时间尺度上对环境因子的响应程度不一样，即使是同一树种对同一环境因子的响应程度也存在差异。此结果与前人研究结果并不一致，但具有相似性，例如，半干旱区黄土高原的刺槐人工林在日尺度上，蒸腾速率与 Rs、SWP 关系密切[88]；月尺度上，Rs 与树木蒸腾相关性最强[89]。有研究表明，随着时间尺度的增长，树种液流变化受环境因子的控制越强，例如植物自身因素（叶面积指数、冠层）等其他类型影响因子对树种液流的控制力下降[90]。也有研究表明，随尺度由小到大，影响液流最大的因子有从影响树体地上叶片蒸腾的气候因子向树体地下根系水分吸收相关的土壤环境因子转变的趋势，且随着尺度增大，显著影响液流变化的环境因子数明显下降，但相关系数会显著提高[91]。

　　2009 年 Tognetti[51]提出土壤水分亏缺会增加土壤和根系等阻力，从而影响水分运输，最终导致耗水减少。Cochard[52]发现较高的土壤温度更有利于植物的蒸腾耗水。本研究中部分树种液流受到 Ts、SWP 的强烈影响，其中以对梨、核桃液流的影响最大，影响程度相较于其他环境因子的影响程度更大，这一结果与前人对于环境因子影响程度排名有所差异[70]。原因是大雨季的出现严重导致了 Ts、SWP 的改变，特大的降雨量和积水，导致 SWP 在 7 月、8 月部分时间段内接近 0，此时各树种根系处于饱和田间持水量土壤中，SWP 对各树种液流影响相较于其他环境因子的影响程度更大，从而打破了气候因子对各树种液流变化的整体影响趋势。各树种树干液流变化虽然受到多因子共同作用，但各环境因子对液流的影响存在差异性，当某一环境因子的影响程度过大时，就会打破各环境因子共同作用于液流变化的平衡，形成"独大"的局面。

3.6　小结

　　各树种液流对环境因子的响应具有相似性和特异性。各树种液流均与水汽压亏缺（VPD）、太阳辐射（Rs）、降水量（P）、温度（Ta）、土壤水势（SWP）呈极显著正相关，与大气湿度（RH）呈极显著负相关；梨液流与 P 呈显著负相关（0.145），桃液流与 P 呈极显著负相关（0.233）；梨液流与 Ts 呈显著负相关（0.187），桃液流与 Ts 呈极显著负相关（0.458）。各树种液流变化虽受多个环境因子共同作用，但当某一环境因子的影响程度过大时，就会打破各环境因子共同作用于树种液流的微妙平衡。各树种液流对环境因子存在0~3h滞后、实时或提前响应，但在不同天气、季节、生育期同一树种对同一环境因子的时滞效应存在差异性。不同时间尺度下，各树种对同一环境因子的响应程度不一致，相关性和相关系数差异显著。日尺度，阴天时，杏、山楂、核桃液流对 Rs、SWP 响应程度较大，李为 Rs、Ta，梨是 Rs，桃是 Rs、Ts；晴天时，杏、桃、山楂液流对 Rs、Ta、SWP 响应程度较大，李为 Rs、RH，梨是 Rs、SWP，桃是 Rs、SWP、VPD。雨天时，梨、桃、山楂、核桃液流对 Rs、SWP 响应程度较大，杏为 Rs、SWP、Ta，李是 Rs、RH；生长季内各树种液流变化对环境因子响应程度最大分别是：杏为 Rs、Ta、SWP，李为 Rs，梨为 Rs、SWP，桃为 Rs、VPD，山楂为 Rs、SWP、VPD、RH，核桃为 Rs、SWP、VPD。

第 4 章

经济林树种不同生育期水分利用特征

4.1 不同生育期耗水特征

4.1.1 舒花展叶期

各树种舒花展叶期内液流强度差异较大，液流波动剧烈，液流峰值差异明显。由图 4-1 可知，各树种液流密度整体排名为：山楂（5.86±0.61cm³·cm⁻²·h⁻¹）>核桃（3.32±0.33cm³·cm⁻²·h⁻¹）>杏（2.91±0.16cm³·cm⁻²·h⁻¹）>李（2.15±0.19cm³·cm⁻²·h⁻¹）>梨（2.11±0.11cm³·cm⁻²·h⁻¹）>桃（1.86±0.12cm³·cm⁻²·h⁻¹）。先花后叶树种液流密度整体在此期呈现出逐渐增加的趋势，先叶后花树种中山楂液流密度峰值波动相对较小（8.41~19.40cm³·cm⁻²·h⁻¹），但核桃液流峰值波动异常大（5.28~18.53cm³·cm⁻²·h⁻¹）。

蔷薇科树种杏、李、梨、桃液流活动在舒花展叶期明显低于胡桃科的核桃，但蔷薇科山楂属的山楂液流密度却异常强于其他树种，同期山楂液流密度是杏的 2.01 倍，李的 2.73 倍，梨的 2.78 倍，桃的 3.16 倍。分析原因可能是杏、李、梨、桃属先花后叶树种，山楂、核桃属先叶后花树种，花叶开放顺序不一致，且树形各异，在冠幅相差不大的情况下，叶耗水能力显著强于花，故先叶后花树种液流强于先花后叶树种。另外，液流强度还受环境因子的影响。

第 4 章

经济林树种不同生育期水分利用特征

4.1 不同生育期耗水特征

4.1.1 舒花展叶期

各树种舒花展叶期内液流强度差异较大，液流波动剧烈，液流峰值差异明显。由图 4-1 可知，各树种液流密度整体排名为：山楂（$5.86\pm0.61\text{cm}^3 \cdot \text{cm}^{-2} \cdot \text{h}^{-1}$）>核桃（$3.32\pm0.33\text{cm}^3 \cdot \text{cm}^{-2} \cdot \text{h}^{-1}$）>杏（$2.91\pm0.16\text{cm}^3 \cdot \text{cm}^{-2} \cdot \text{h}^{-1}$）>李（$2.15\pm0.19\text{cm}^3 \cdot \text{cm}^{-2} \cdot \text{h}^{-1}$）>梨（$2.11\pm0.11\text{cm}^3 \cdot \text{cm}^{-2} \cdot \text{h}^{-1}$）>桃（$1.86\pm0.12\text{cm}^3 \cdot \text{cm}^{-2} \cdot \text{h}^{-1}$）。先花后叶树种液流密度整体在此期呈现出逐渐增加的趋势，先叶后花树种中山楂液流密度峰值波动相对较小（$8.41\sim19.40\text{cm}^3 \cdot \text{cm}^{-2} \cdot \text{h}^{-1}$），但核桃液流峰值波动异常大（$5.28\sim18.53\text{cm}^3 \cdot \text{cm}^{-2} \cdot \text{h}^{-1}$）。

蔷薇科树种杏、李、梨、桃液流活动在舒花展叶期明显低于胡桃科的核桃，但蔷薇科山楂属的山楂液流密度却异常强于其他树种，同期山楂液流密度是杏的 2.01 倍，李的 2.73 倍，梨的 2.78 倍，桃的 3.16 倍。分析原因可能是杏、李、梨、桃属先花后叶树种，山楂、核桃属先叶后花树种，花叶开放顺序不一致，且树形各异，在冠幅相差不大的情况下，叶耗水能力显著强于花，故先叶后花树种液流强于先花后叶树种。另外，液流强度还受环境因子的影响。

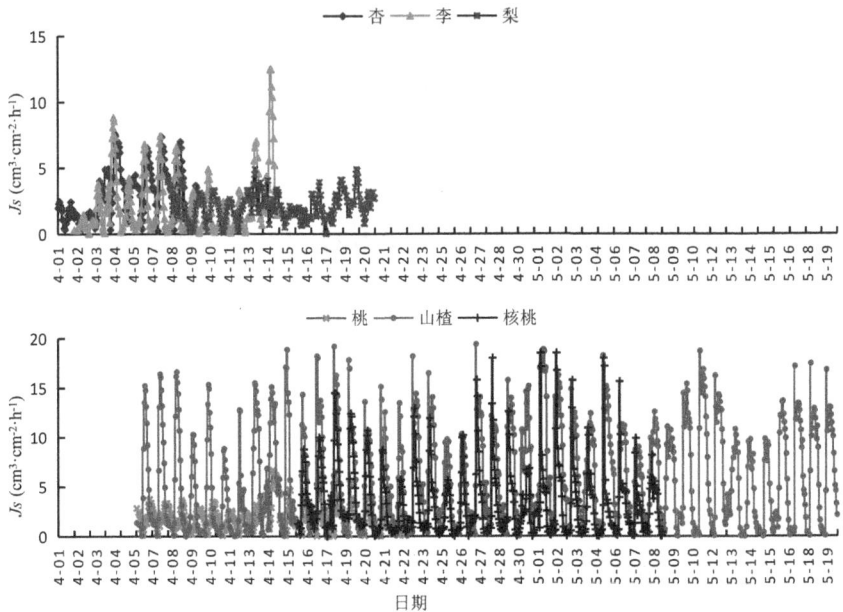

图 4-1　各树种舒花展叶期液流变化特征

4.1.2　落花坐果期

　　落花坐果期内蔷薇科树种液流密度与胡桃科的核桃液流密度差异明显，先花后叶树种液流密度（4.48±0.32cm³·cm⁻²·h⁻¹）小于先叶后花树种液流密度（5.41±1.12cm³·cm⁻²·h⁻¹）。

　　由图 4-2 可知，各树种液流密度整体排名为：山楂（6.55±0.72cm³·cm⁻²·h⁻¹）>梨（4.84±0.41cm³·cm⁻²·h⁻¹）>李（4.65±0.53cm³·cm⁻²·h⁻¹）>核桃（4.26±0.33cm³·cm⁻²·h⁻¹）>杏（4.17±0.38cm³·cm⁻²·h⁻¹）>桃（3.24±0.15cm³·cm⁻²·h⁻¹）。各树种液流密度随时间逐渐增加，白天液流峰值波动范围为杏3.41~19.38cm³·cm⁻²·h⁻¹、李 6.68~18.06cm³·cm⁻²·h⁻¹、梨 2.57~19.72cm³·cm⁻²·h⁻¹、桃 5.14~14.87cm³·cm⁻²·h⁻¹，而先叶后花树种山楂（9.74~18.75cm³·cm⁻²·h⁻¹）和核桃（2.52~12.81cm³·cm⁻²·h⁻¹）液流密度在一个相对平缓区间波动，液流活动相对趋于稳定。

　　先花后叶树种的落花坐果期明显早于先叶后花的山楂和核桃，

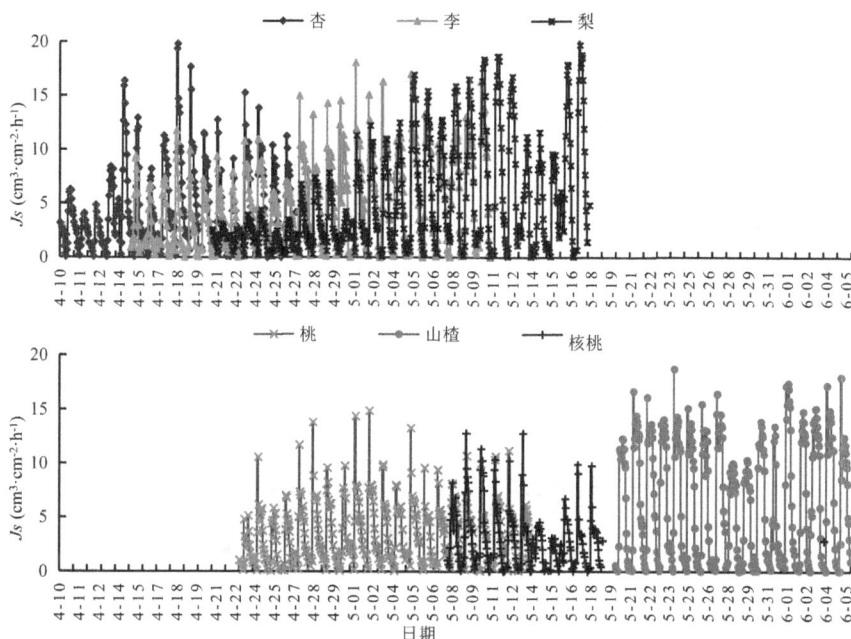

图 4-2　各树种落花坐果期液流变化特征

杏落花坐果期最先开始，但持续时间却只有 17 天，其次为李、梨、桃、核桃、山楂，核桃的落花坐果期最短（10 天），再次是山楂（15 天），梨落花坐果期持续时间最长（26 天）。核桃落花坐果期内受到典型天气（阴天）和人为干扰（灌溉）的双重影响，液流密度虽有增加，但相较于其他树种在落花坐果期内的液流密度增幅，核桃液流是明显落后的，在一定程度上会影响结果率和果实品质。

4.1.3　果实膨大期

果实膨大期内各树种液流密度相较于舒花展叶期、落花坐果期时树种液流密度有了显著增加，且维持在一个高水平的范围；此期间耗水量占各树种生长季耗水总量分别为杏 28.68%、李 41.46%、梨 56.18%、桃 33.72%、山楂 40.13%、核桃 44.06%。

由图 4-3 可知，各树种液流密度整体排名为：梨（6.19±0.46cm³·cm⁻²·h⁻¹）>李（6.02±0.59cm³·cm⁻²·h⁻¹）>杏（5.98±0.51cm³·cm⁻²·h⁻¹）>山楂（5.71±0.46cm³·cm⁻²·h⁻¹）>核桃（4.64±0.37cm³·cm⁻²·h⁻¹）>桃（3.18±0.26cm³·cm⁻²·h⁻¹）。各

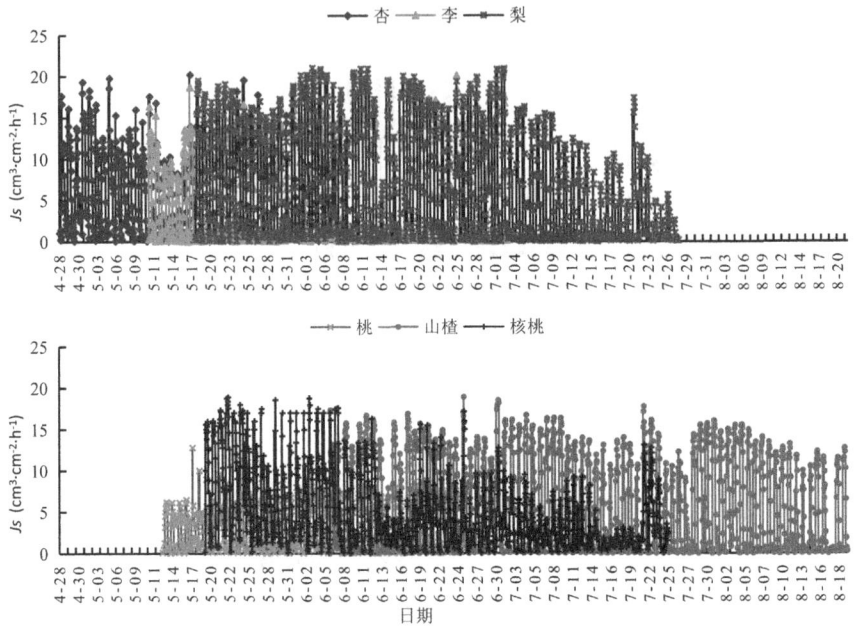

图 4-3 各树种果实膨大期液流变化特征

树种白天液流峰值波动范围为杏 $10.64 \sim 20.15 cm^3 \cdot cm^{-2} \cdot h^{-1}$、李 $11.38 \sim 20.08 cm^3 \cdot cm^{-2} \cdot h^{-1}$、梨 $12.81 \sim 21.02 cm^3 \cdot cm^{-2} \cdot h^{-1}$、桃 $6.92 \sim 16.01 cm^3 \cdot cm^{-2} \cdot h^{-1}$、山楂 $11.64 \sim 18.89 cm^3 \cdot cm^{-2} \cdot h^{-1}$、核桃 $8.27 \sim 18.96 cm^3 \cdot cm^{-2} \cdot h^{-1}$，此结果为去除特殊天气（大风天、雨天）和人为干扰的结果。

果实膨大期先花后叶树种和先叶后花树种间液流密度大小并没有显著差异。各树种受自身生理和环境因子的影响，开始逐步进行分化，树种液流密度根据自身的生长发育和繁殖需求以及对环境因子的适应进行调整。由各树种所结果种类不同，可以发现果实类型为梨果的山楂（76 天）、梨（72 天）果实膨大期持续时间最长，其次为假核果的核桃（67 天），最后是核果的李（52 天）、杏（43天）、桃（43 天）。由图 4-3 可知，5 月 13 日和 5 月 14 日两天，各树种液流密度均出现了缺口，原因是进行了春季灌溉，剧烈的人为干扰严重影响了各树种液流自身的生长规律。同时，梨、山楂、核桃树种液流在 6 月中旬至 8 月初波动较大，有时连续几天液流处在极低的区间内波动，原因是这段时间北京出现了雨季，改变了各树种生存环境，树种液流响应环境因子的变化而变化。

4.1.4　果实成熟期

果实成熟期内各树种液流密度较果实膨大期的树种液流密度明显降低，各树种平均液流密度均有所降低分别为杏 $0.38cm^3 \cdot cm^{-2} \cdot h^{-1}$、李 $2.51cm^3 \cdot cm^{-2} \cdot h^{-1}$、梨 $3.44cm^3 \cdot cm^{-2} \cdot h^{-1}$、桃 $1.40cm^3 \cdot cm^{-2} \cdot h^{-1}$、山楂 $1.35cm^3 \cdot cm^{-2} \cdot h^{-1}$、核桃 $1.20cm^3 \cdot cm^{-2} \cdot h^{-1}$。在果实成熟早期各树种液流强度明显大于果实成熟晚期，抛开环境因子的影响，各树种液流密度呈现出缓慢降低的趋势，各树种液流降低幅度在 $16.27\% \sim 40.38\%$。

由图 4-4 可知，各树种液流密度排名为：杏（$5.60\pm0.45cm^3 \cdot cm^{-2} \cdot h^{-1}$）＞山楂（$4.36\pm0.38cm^3 \cdot cm^{-2} \cdot h^{-1}$）＞李（$3.51\pm0.26cm^3 \cdot cm^{-2} \cdot h^{-1}$）＞核桃（$3.24\pm0.22cm^3 \cdot cm^{-2} \cdot h^{-1}$）＞梨（$2.75\pm0.14cm^3 \cdot cm^{-2} \cdot h^{-1}$）＞桃（$1.78\pm0.18cm^3 \cdot cm^{-2} \cdot h^{-1}$）。

各树种在生长季内有两个生长方向，一是营养生长，二是生殖生长；当植物完成繁殖目的后，就只存在为下一次繁殖做准备的营养生长阶段。先花后叶树种果实成熟期明显早于先叶后花树种，杏

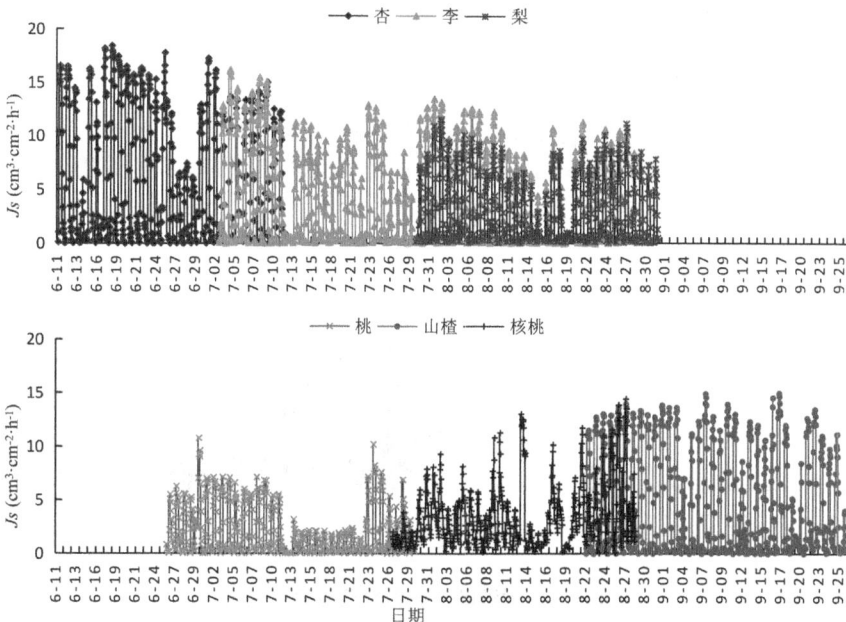

图 4-4　各树种果实成熟期液流变化特征

果实成熟期最先开始，持续时间 30 天，其次为桃、李、核桃、梨、山楂，李果实成熟期持续时间最长，约 55 天左右，其余各树种果实成熟期持续时间基本在 32~35 天。通过树种液流和环境因子变化，发现桃、核桃液流密度在果实成熟期内明显弱于其他树种，这是由于 2021 年夏季北京出现了雨季，长时间土壤田间持水率饱和，根系呼吸、吸水能力减弱，且桃、核桃自身具有怕湿的生理特性，涝灾导致桃、核桃受到生存胁迫，生命力减弱，液流降低。

4.1.5 叶片变色期

由图 4-5 可知，叶片变色期内各树种液流密度大体较果实成熟期树种液流密度进一步降低，各树种平均液流密度均有所减弱，分别为杏 $0.68\,cm^3 \cdot cm^{-2} \cdot h^{-1}$、李 $1.80\,cm^3 \cdot cm^{-2} \cdot h^{-1}$、梨 $1.01\,cm^3 \cdot cm^{-2} \cdot h^{-1}$、山楂 $0.69\,cm^3 \cdot cm^{-2} \cdot h^{-1}$ 和核桃 $0.43\,cm^3 \cdot cm^{-2} \cdot h^{-1}$。桃增加了 $0.58\,cm^3 \cdot cm^{-2} \cdot h^{-1}$，原因是桃经过雨季后，涝灾的生存胁迫消除，且果实采摘后桃树生存负担减轻，树种液流增加。

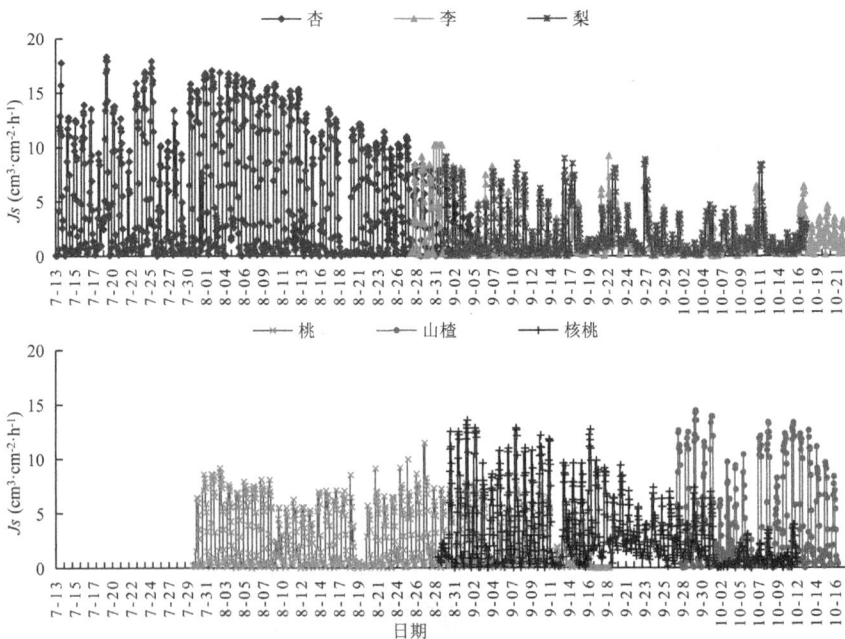

图4-5 各树种叶片变色期液流变化特征

由图 4-5 可知，各树种液流密度整体排名为：杏（4.92 ±

0.36cm³·cm⁻²·h⁻¹）>山楂（3.67±0.24cm³·cm⁻²·h⁻¹）>核桃（2.81±0.11cm³·cm⁻²·h⁻¹）>桃（2.35±0.13cm³·cm⁻²·h⁻¹）>李（1.74±0.09cm³·cm⁻²·h⁻¹）>梨（1.71±0.11cm³·cm⁻²·h⁻¹）。先花后叶树种变色期明显早于先叶后花树种，各树种受自身生理和环境因子的影响，树种液流趋势、波动范围加剧分化，但先花后叶树种的变色期持续时间较长，尤其是李变色期持续时间最长，达 55 天，最先进入变色期的杏，持续时间为 52 天，其次为梨（48 天）、桃（48 天）、核桃（33 天），山楂变色期最短（17 天）。

4.1.6　落叶期

落叶期在树种不同生育期中液流密度最低，各树种较叶片变色期树种液流密度显著降低，平均液流密度均有所降低，杏为 58.93%（2.90cm³·cm⁻²·h⁻¹）、李为 48.54%（0.83cm³·cm⁻²·h⁻¹）、梨为 34.48%（0.60cm³·cm⁻²·h⁻¹）、桃为 68.51%（1.61cm³·cm⁻²·h⁻¹）、山楂为 23.98%（0.88cm³·cm⁻²·h⁻¹）、核桃为 61.21%（1.72cm³·cm⁻²·h⁻¹）。

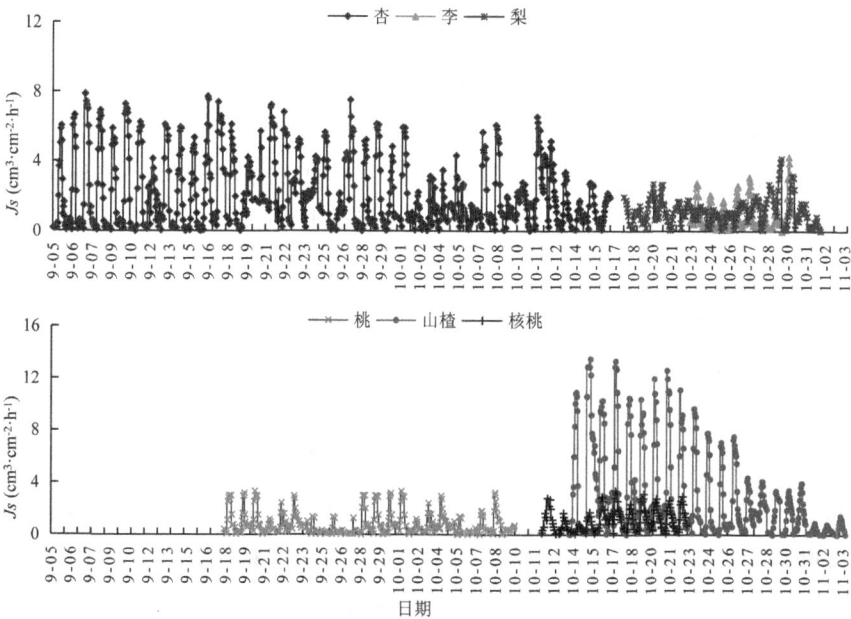

图 4-6　各树种落叶期液流变化特征

由图4-6可知，各树种液流密度整体排名为山楂（2.79±0.18cm³·cm⁻²·h⁻¹）>杏（2.02±0.14cm³·cm⁻²·h⁻¹）>梨（1.14±0.09cm³·cm⁻²·h⁻¹）>核桃（1.08±0.07cm³·cm⁻²·h⁻¹）>李（0.88±0.08cm³·cm⁻²·h⁻¹）>桃（0.74±0.06cm³·cm⁻²·h⁻¹）。先花后叶树种与先叶后花树种落叶期有明显差异，各树种自身生长形态和对环境因子的响应分化差异达到顶端，杏落叶期最先开始，持续时间最长，为32天，其次为桃（22天）、山楂（19天）、梨（13天），核桃（13天），李的落叶期最短（7天）。山楂液流密度峰值在落叶期保持着较大的波动范围0.76~13.49cm³·cm⁻²·h⁻¹（此为去除大风天、雨天和人为干扰的结果），是杏液流的0.36倍，是李、梨、桃和核桃液流的2~4倍。梨液流密度在10月25日~11月2日，存在先增加后降低的趋势，原因是梨树根系生长第二次高峰在秋季。

4.2 不同生育期耗水量变化趋势

由图4-7可知，各树种生育期耗水量整体排名为果实膨大期（0.34m³·株⁻¹）>果实成熟期（0.139m³·株⁻¹）>叶片变色期（0.135m³·株⁻¹）>落花坐果期（0.11m³·株⁻¹）>舒花展叶期（0.08m³·株⁻¹）>落叶期（0.02m³·株⁻¹）。各树种不同生育期耗水排名如下。

杏：叶片变色期（0.341m³·株⁻¹）>果实膨大期（0.339m³·株⁻¹）>果实成熟期（0.23m³·株⁻¹）>落花坐果期（0.10m³·株⁻¹）>舒花展叶期（0.03m³·株⁻¹）>落叶期（0.11m³·株⁻¹）。

李：果实膨大期（0.26m³·株⁻¹）>果实成熟期（0.22m³·株⁻¹）>叶片变色期（0.17m³·株⁻¹）>落花坐果期（0.12m³·株⁻¹）>舒花展叶期（0.04m³·株⁻¹）>落叶期（0.01m³·株⁻¹）。

梨：果实膨大期（0.26m³·株⁻¹）>落花坐果期（0.12m³·株⁻¹）>果实成熟期（0.10m³·株⁻¹）>叶片变色期（0.09m³·株⁻¹）>舒花展叶期（0.043m³·株⁻¹）>落叶期（0.037m³·株⁻¹）。

桃：果实膨大期（0.11m³·株⁻¹）>落花坐果期（0.09m³·株⁻¹）>舒花展叶期（0.07m³·株⁻¹）>叶片变色期（0.06m³·株⁻¹）>果实成熟期（0.04m³·株⁻¹）>落叶期（0.02m³·株⁻¹）。

山楂：果实膨大期（0.31m³·株⁻¹）＞舒花展叶期（0.17m³·株⁻¹）＞落花坐果期（0.09m³·株⁻¹）＞果实成熟期（0.07m³·株⁻¹）＞叶片变色期（0.021m³·株⁻¹）＞落叶期（0.020m³·株⁻¹）。

核桃：果实膨大期（0.76m³·株⁻¹）＞果实成熟期（0.153m³·株⁻¹）＞叶片变色期（0.148m³·株⁻¹）＞舒花展叶期（0.14m³·株⁻¹）＞落花坐果期（0.12m³·株⁻¹）＞落叶期（0.02m³·株⁻¹）。

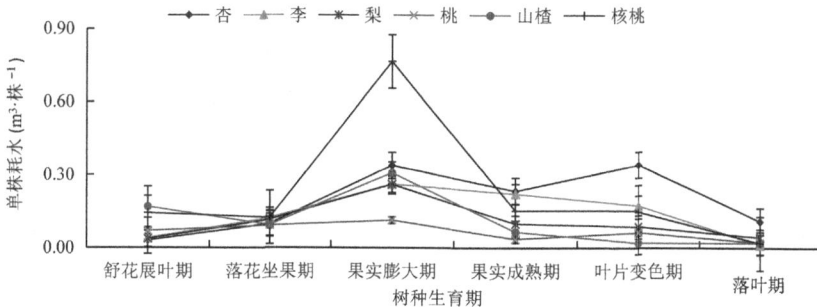

图 4-7　各树种不同生育期耗水量

生长季内耗水曲线呈现"双峰"型树种分别是杏、桃、山楂，"单峰"型树种为李、梨、核桃。各树种不同生育期液流密度排名与各树种最终生育期耗水排名存在显著差异，原因是各树种不同生育期的持续时间长短不同，部分树种的落叶变色期持续时间较长。例如，杏树落叶变色期持续 52 天＞果实膨大期持续 43 天。

各树种不同生育期液流密度、耗水量差异显著，其水分利用特征与树种生长发育紧密相连。大致是果实膨大期树种液流密度（5.45±1.03cm³·cm⁻²·h⁻¹）最大，耗水量最多，舒花展叶期（3.04±0.56cm³·cm⁻²·h⁻¹）树种液流密度基本强于叶片变色期，落叶期树种液流密度（1.44±0.21cm³·cm⁻²·h⁻¹）最小，耗水量最少。各树种果期（落花坐果期、果实膨大期、果实成熟期）整体液流活动明显强于非果期（舒花展叶期、叶片变色期、落叶期）液流活动。

树种耗水可分为蒸腾耗水（占比较大）和生长耗水，生长耗水主要分为营养生长耗水和生殖生长耗水。不同生育期树种耗水量主要是由叶片和果实的生长发育程度以及数量决定的。叶片繁茂且功能成熟的生育期（落花坐果期、果实膨大期、果实成熟期、叶片变色期）耗水较大，叶片是植物蒸腾耗水最重要的器官，但也是进行光合作用、合成有机物的重要场所，是营养生长耗水和蒸腾耗水的关键场所。各树种果实生长需要大量水分，果实膨大期耗水叠加了蒸腾耗水、营养生长耗水、生殖生长耗水，故此期耗水量最大。

4.3 讨论

各树种不同生育期，直观地反映了其生理生态特征、生长节律与蒸腾耗水之间的相互影响关系及其水分利用特征。不同生育期内经济林树种耗水量和液流密度均有所差异[92]。

树种生长季内不同生育期液流密度、耗水量有较大差异。本研究中，杏叶片变色期耗水量最大，桃舒花展叶期耗水量大于果实成熟期。这一研究结果与他人研究结果有所差异[93]，如吴佳伟等[94]发现猕猴桃不同生育期耗水量为：果实膨大期>果实成熟期>开花坐果期>萌芽展叶期，与本研究结果不一致。主要原因有二：一是树种不同，不同树种间由于其生理构造、生长节律不同，在不同生育期耗水量侧重有所不同；二是环境因子的影响，从结果与分析中可以发现环境因子对于各树种液流是有影响的，但各树种液流对于不同环境因子的响应程度却是有所偏向的，例如桃液流对于降雨和土壤水势的响应程度是其他树种所不能比拟的，试验区环境因子中空气温度、土壤积温和太阳辐射在生长季内逐渐增加，也是导致各树种不同生育期耗水增加的主要原因之一[95]。落花坐果期内各树种液流密度和日耗水量虽然处于较低水平，但各树种对土壤水分状况较为敏感，若水分供给不足，会抑制新梢生长，导致叶片生长与果实生长争夺水分，导致坐果率不高[96]。本研究中大致是果实膨大期树种液流活动最强，耗水量最多，果实膨大期各树种液流密度最大，耗水量最多，此期耗水量占生长季的耗水总量分别为杏 28.68%、李 41.46%、梨 56.18%、桃 33.72%、山楂 40.13% 和核桃 44.06%。党宏忠等人[63]发现苹果在年生育周期中，果实膨大期耗水量最多，与本研究结果一致。这与树种在该时期生育活动旺盛、果实质量迅速增加、果径呈指数增长有关，且同时期各树种叶片功能完善，林冠密度和叶面积不断增加，直至达到个体与环境协调的生长极限才趋于平缓，树种蒸腾耗水加剧[97]。果实膨大期是各树种非常重要的生育期，此阶段土壤水分供应状况直接影响果实增长速度，会决定果实品质和产量，若水分供应不足或干旱持续时间过长，则果实发育不全，即便后面有充足水分供应也不能弥补因前期缺水导致的果实品质不佳和产量不足；水分过多，土壤过湿，影响根系生长，导致果实含糖量降低，甚至影响树种正常生长[76]。果实成熟期各树种液流密度都随着时间缓慢降低，其原因可能是果实所需水分不再增加，且伴随着落果现象，液流活动进一步减弱。部分研究表明，果实成熟之后，其果梗维管束的木质部结构会随着果实的成熟程度而逐渐衰败、破裂，从而导致液流速率降低[65]。经济林树种在叶片变色期、落叶期也要保持一定的供水量，一方面可以促进果树营养生长，另一方面可以防止冬春"抽条"。

4.4 小结

各树种不同生育期液流密度、耗水量差异显著，与其生长节律紧密相连。整体上果实膨大期树种液流密度最大，耗水量最多，果实膨大期各树种液流密度排名为：梨（6.19±0.46cm³·cm⁻²·h⁻¹）>李（6.02±0.59cm³·cm⁻²·h⁻¹）>杏（5.98±0.51cm³·cm⁻²·h⁻¹）>山楂（5.71±0.46cm³·cm⁻²·h⁻¹）>核桃（4.64±0.37cm³·cm⁻²·h⁻¹）>桃（3.18±0.26cm³·cm⁻²·h⁻¹），此期耗水量占生长季耗水总量分别为杏28.68%、李41.46%、梨56.18%、桃33.72%、山楂40.13%和核桃44.06%。单株耗水量为核桃（1.35±0.16m³·株⁻¹）>杏（1.15±0.10m³·株⁻¹）>李（0.83±0.06m³·株⁻¹）>山楂（0.68±0.05m³·株⁻¹）>梨（0.64±0.04m³·株⁻¹）>桃（0.40±0.02m³·株⁻¹）。叶片变色期树种液流密度基本强于舒花展叶期，落叶期树种耗水最少。不同生育期内耗水曲线呈现"双峰"型树种分别是杏、桃、山楂，"单峰"型树种为李、梨、核桃。

第 5 章

人为管理下经济林树种水分利用特征

5.1 灌溉对树种水分利用的影响

各树种液流对灌溉的响应大致相同，都表现出灌溉中液流降低，灌溉后，液流快速增加，灌溉前后各树种液流波动范围基本一致。

由图 5-1 可知，灌溉中各树种液流密度均有所降低杏为 1.96cm³ · cm⁻² · h⁻¹、李为 2.75cm³ · cm⁻² · h⁻¹、梨为 3.52cm³ · cm⁻² · h⁻¹、桃为 0.91cm³ · cm⁻² · h⁻¹、山楂为 2.93cm³ · cm⁻² · h⁻¹ 和核桃为 0.78cm³ · cm⁻² · h⁻¹。原因可能是灌溉导致土壤水势快速降低，改变了土壤水环境，使原本高效工作的树木细根来不及降低吸收水分的速率，大量水分被树种细根吸收到树体中，而叶片蒸腾速率在外界综

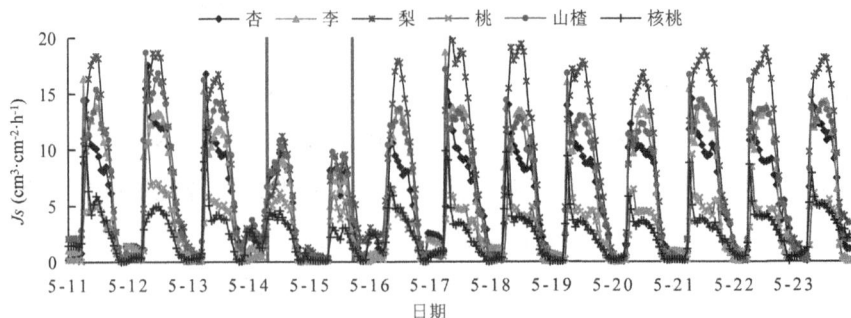

图 5-1 各树种灌溉后液流变化特征

注：图中柱体表示各树种灌溉区间。

合环境变化不大的情况下，无法快速通过蒸腾排出多余水分，致使树体水分堆积，液流强度减缓[98]。灌溉对李（-44.29%）和梨（-43.51%）液流影响最大，其次是山楂（-38.75%）、杏（-33.17%）、核桃（-28.89%）、桃（-27.73%）。

5.2　疏果、剪枝对树种水分利用的影响

由图 5-2 可知，各树种液流密度对疏果、剪枝的响应差异较大，液流密度变化趋势分为三类：一是杏、核桃液流先增加再减少至稳定区间波动。杏液流先增加 2.16cm³·cm⁻²·h⁻¹，再减少 1.34cm³·cm⁻²·h⁻¹；核桃液流先增加 1.35cm³·cm⁻²·h⁻¹，再减少 1.86cm³·cm⁻²·h⁻¹；二是李、梨、山楂液流逐渐增加至稳定区间波动，其分别增加了 0.85cm³·cm⁻²·h⁻¹、1.17cm³·cm⁻²·h⁻¹、0.93cm³·cm⁻²·h⁻¹；三是桃液流先减少再增加至稳定区间波动。桃液流先减少 0.79cm³·cm⁻²·h⁻¹，后增加了 0.84cm³·cm⁻²·h⁻¹。

各树种液流短期内虽然波动较大，但液流最后都稳定在一个新的液流区间波动。疏果剪枝对核桃液流影响最大，原因是核桃样树生长旺盛、枝叶繁茂，修剪程度高，导致核桃液流密度减少 25.32%，是各树种中液流密度在疏果剪枝后唯一减少的树种。

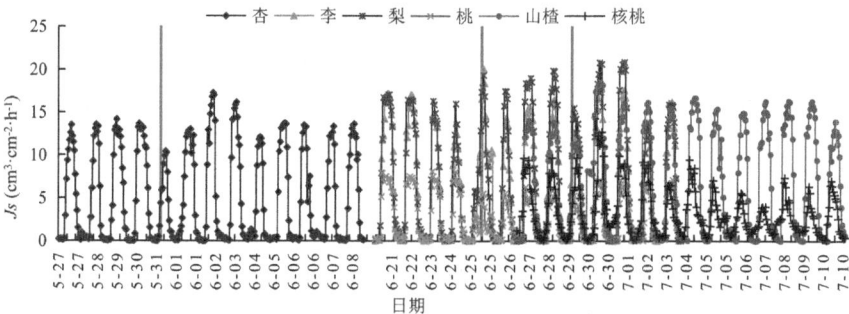

图 5-2　各树种疏果、剪枝后液流变化特征

注：图中柱体表示各树疏果剪枝区间。

5.3　果实采摘对树种水分利用的影响

由图 5-3 可知，各树种液流对果实采摘响应主要可分为两类：一

是杏、桃液流逐渐增加到一定区间内波动，其分别增加了 3.68cm³ · cm⁻² · h⁻¹和 2.07cm³ · cm⁻² · h⁻¹；二是李、梨、山楂、核桃液流先增加再减少，各树种液流分别先增加了李 0.99cm³ · cm⁻² · h⁻¹、梨 0.79cm³ · cm⁻² · h⁻¹、山楂 2.24cm³ · cm⁻² · h⁻¹、核桃 1.65cm³ · cm⁻² · h⁻¹，再减弱了李 2.01cm³ · cm⁻² · h⁻¹、梨 2.94cm³ · cm⁻² · h⁻¹、山楂 3.16cm³ · cm⁻² · h⁻¹、核桃 0.31cm³ · cm⁻² · h⁻¹。

　　各树种液流在果实采摘当天液流密度均有不同程度降低，其中影响最大的是山楂，减弱了 30.49%，最小的是桃，减弱了 6.47%。山楂果实采摘时，山楂处于变色期，树种进入生长衰退期，故果实采摘对其液流影响较大；桃树果实采摘时，桃树正处于枝繁叶茂的营养生长阶段，树种需水量较大，液流活动较强，故果实采摘对其液流影响较小。

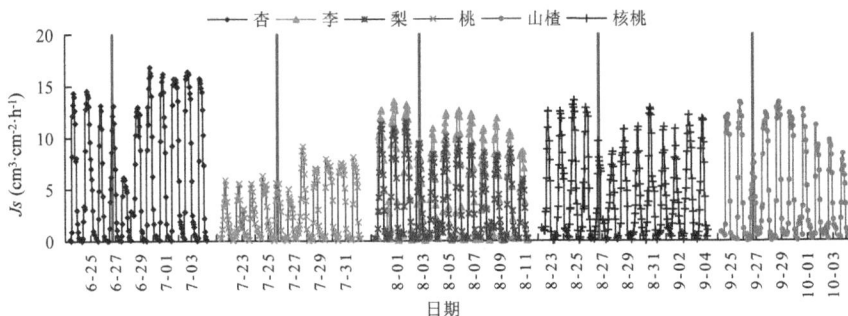

图 5-3　各树种果实采摘后液流变化特征

注：图中柱体表示各树种果实采摘区间。

5.4　讨论

　　人为管理措施改变了各树种自然生长进程，对树种蒸腾耗水影响较大。大量研究表明，经济林树种液流活动与树种自身生长状况、修剪及管理水平、气候、土壤等多种因素有关[99]。

　　灌溉后，各树种液流日变化曲线呈"几"字形，灌溉不会影响树种液流启动时间，但树种液流峰值出现时间和大小出现了差异。本研究中各树种灌溉时液流降低，灌溉后液流增加，灌溉前后液流波动范围一致。杨素苗等[100]发现灌溉当天白天液流速率明显低于灌溉前后，且呈多峰曲线变化，灌溉后，液流速率明显增加，与本研究结果基本一致。本研究中灌溉使各树种液流短期内发生显著变化，但无法分辨其是有益的还是有害的，除树种处于重度或者极度干旱胁迫下，灌溉会在短期及长期改变树种生长趋势，致使树种液流不断增强，日耗水量增加；长期来看，本研究中灌溉对各树种液流变化的影响是缓慢而积极的[101]。

叶面积与蒸腾耗水之间存在正相关关系[100]，修剪通过减少树体蒸腾作用的主要器官（叶片），从而降低耗水，但修剪还可诱导产生的侵填体堵塞木质部导管，使得液流速率下降[101]。晚春或初夏时进行疏果剪枝可以提高果实质量、降低树体耗水量[102]。石莹等[103]发现在 7 月进行疏果修剪显著增大了椪柑（*Poncirus trifoliata*）果实直径、甜度和果皮硬度，张义[104]发现对苹果进行疏果修剪后果树耗水量减少。故本研究在初夏时进行疏果修剪是具有重要实践意义的。本研究中杏、李、梨、山楂、核桃在疏果修剪后液流密度增加，是由于疏果、剪枝改善了树体通风环境及气孔导度的变化，促进剩余叶片蒸腾作用增强这一树木自身补偿机制[105]；桃液流降低，并未体现明显的补偿，可能是由于疏果、剪枝改变了其内在供水能力[106]。桃树较大强度的疏果修剪导致了蒸腾耗水的显著减少，叶面积减少较多是主要原因之一，还可能是由于修剪致使其受到了病害威胁或机械性损伤，而从引起树体木质部产生侵填体[107-108]。例如，赵现华等[109]发现修剪后葡萄由于木质部侵填体的产生，降低了茎干水分输送能力，液流运输过程受到阻碍，液流速率减小，蒸腾耗水降低。

果实采摘后，各树种液流变化有一定差异，树种液流变化大体可分为两类。一类是液流逐渐增加到一定区间内波动，另一类是先增加再减少，二者的区别在于树种采摘的时间。本研究中杏和桃的果实采摘期在 6 月和 7 月，尽管果实采摘会对树种液流密度和整体耗水量有一定的减少，但此时树种果实耗水量占树种整体耗水量的比重较少，且树种处于营养生长高峰阶段，树种液流活动强烈，采摘对树种耗水影响较少，而李、梨、山楂、核桃的采摘期都属于营养生长的末期，树种果实耗水量占比较重，此时果实采摘对树种整体耗水量影响较大。

5.5 小结

各树种受到人为干扰后，其液流响应各不相同，大致分为四类：缓慢增加、缓慢降低、先增再减、先减再增，响应方式和程度取决于人为干扰对树体和环境的改变程度、树种生理特性和人为干扰发生时所处的生育期。人为干扰主要通过两种方式改变树种水分利用特征，一是改变树种生存环境，二是通过改变树种生长状态，疏果、剪枝不仅减轻了树种用水负担，还改善冠层通风、光照条件，改变了各树种耗水量。①各树种液流在灌溉中均降低（27.73% ~ 44.29%），灌溉后，液流快速增加，灌溉前后液流波动区间基本一致。②疏果、剪枝对各树种液流影响巨大，杏、李、梨、山楂、核桃修剪后液流密度增加，是由于疏果、剪枝改善了树体通风环境及气孔导度的变化，促进剩余叶片蒸腾作用加强的树木自身补偿机制，而桃并未体现明显的补偿，可能是由于疏果、剪枝改变了其内在供水能力。③树种液流在果实采摘当天液流密度均有不同程度降低，其中影响最大的是山楂（-30.49%），最小的是桃（-6.47%）。

第 6 章

基于经济林水分利用特征的灌溉策略

6.1 基于经济林水分利用特征的林分密度推算

6.1.1 各经济林树种单株耗水量

由表 6-1 可知,生长季内各树种总耗水量为核桃 $1.35\pm0.16m^3 \cdot$ 株$^{-1}$、杏 $1.15\pm0.10m^3 \cdot$ 株$^{-1}$、李 $0.83\pm0.06m^3 \cdot$ 株$^{-1}$、山楂 $0.68\pm0.05m^3 \cdot$ 株$^{-1}$、梨 $0.64\pm0.04m^3 \cdot$ 株$^{-1}$、桃 $0.40\pm0.02m^3 \cdot$ 株$^{-1}$。杏、李、梨在 5 月,6 月耗水量最多,分别为 $0.24m^3 \cdot$ 株$^{-1}$、$0.15m^3 \cdot$ 株$^{-1}$、$0.14m^3 \cdot$ 株$^{-1}$;山楂、核桃仅在 6 月耗水量最多,分别为 $0.17m^3 \cdot$ 株$^{-1}$、$0.41m^3 \cdot$ 株$^{-1}$;桃 $(0.1m^3 \cdot$ 株$^{-1})$ 在 4 月和 5 月耗水量最多;杏、李、桃、山楂、核桃均是 10 月耗水量最少,分别为 $0.03m^3 \cdot$ 株$^{-1}$、$0.08m^3 \cdot$ 株$^{-1}$、$0.02m^3 \cdot$ 株$^{-1}$、$0.03m^3 \cdot$ 株$^{-1}$、$0.05m^3 \cdot$ 株$^{-1}$,梨 $(0.05m^3 \cdot$ 株$^{-1})$ 在 9 月。各树种每月耗水量与其液流密度紧密相关。

表 6-1 各树种耗水量月变化 $(m^3 \cdot$ 株$^{-1})$

树种	4 月	5 月	6 月	7 月	8 月	9 月	10 月	总量
杏	0.15	0.24	0.24	0.19	0.21	0.09	0.03	1.15
李	0.11	0.15	0.15	0.12	0.12	0.09	0.08	0.83
梨	0.07	0.14	0.14	0.07	0.09	0.05	0.08	0.64
桃	0.10	0.10	0.04	0.03	0.04	0.05	0.02	0.40
山楂	0.07	0.16	0.17	0.10	0.09	0.04	0.03	0.68
核桃	0.06	0.38	0.41	0.20	0.15	0.10	0.05	1.35

6.1.2 北京地区不同区域生长季降雨量分布特征

本研究利用北京市气象中心实时监测 2021 年降水量数据,对北京 13 个地区降雨量分布特征进行分析,其结果如图 6-1 所示。生长季内各区总降雨量,各月降雨量存在差异。生长季总降雨量密云 (987.30mm) > 海淀 (935.20mm) > 平谷 (926.00mm) > 石景山 (925.80mm) > 房山 (920.70mm) > 怀柔 (910.40mm) > 昌平 (893.50mm) > 丰台 (882.40mm) > 顺义 (834.30mm) > 门头沟 (737.70mm) > 大兴 (712.00mm) > 通州 (711.50mm) > 延庆 (643.20mm)。降雨集中分布在 6~9 月,其中 4 月降雨极少,只有零星降雨,降雨量在 0~12.10mm;在 5 月、6 月、10 月,降雨量较少,降雨量范围介于 14.30~95.40mm,相比之下 8 月、9 月降雨较多且分布均匀,其范围为 58.30~197.60mm,而 7 月降雨量尤其显著,是其他月份的 1.7~226 倍,各地区 7 月降雨量介于 283.90~500.90mm。不同区域间降雨差异明显,所以要求不同区域的经济林种植方式、种植密度及树种搭配作出不同经营方式。

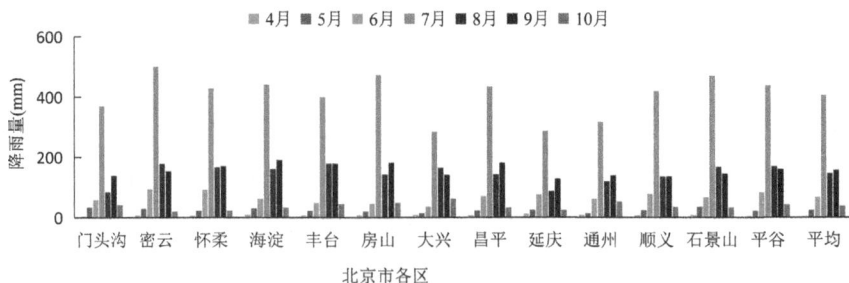

图 6-1 2021 年生长季内北京市各区降雨量

6.1.3 各经济林树种合理栽植密度推算

推算前提条件:①不考虑经济林个体死亡;②林分可用水量不考虑土壤渗透率、特大暴雨的影响;③采用张志强团队的研究结果[110],丰水年林地蒸散量为降水量的 67% 计算;④2017 年北京市发展和改革委员会、北京市水务局联合发布的《关于农业水价制定有关工作的通知》中规定:鲜果果园农业用水限额标准每公顷

1500m³；⑤各树种林龄在 13～15 年，皆处于树种壮年期，其耗水处于树种生命周期内的耗水高峰期，故此基于各树种单株耗水量的种植密度推算合理。

据调查，北京地区经济林株行距一般是 2m×3m、2m×4m、3m×3m，折合 1667 株·hm⁻²、1250 株·hm⁻²、1111 株·hm⁻²。计算现存三种种植密度单位耗水量，比较单位林分耗水量与可用用水量（农业补偿用水+降雨量），通过各树种单位林分耗水量，结合农业用水标准，逆推生长季内各树种所需降雨量，其结果见表 6-2。

表 6-2　三种种植密度下各树种单位耗水量

种植间隔 (m)	种植密度 (株·hm⁻²)	杏	李	梨	桃	山楂	核桃
林木总耗水量 （m³·hm⁻²）							
2×3	1667	1921.27	1390.91	1073.67	662.83	1130.60	2253.44
2×4	1250	1440.66	1042.97	805.09	497.02	847.78	1689.74
3×3	1111	1280.46	926.99	715.57	441.75	753.51	1501.84
盈余可利用用水量 （m³·hm⁻²）							
2×3	1667	366.19	896.55	1213.78	1624.63	1156.85	34.02
2×4	1250	846.79	1244.49	1482.36	1790.44	1439.67	597.71
3×3	1111	1007.00	1360.47	1571.89	1845.71	1533.95	785.61
生长季最低降雨量 （m³·hm⁻²）							
2×3	1667	2128.76	1337.17	863.69	250.49	948.66	2624.54
2×4	1250	1411.44	817.87	462.83	3.02	526.54	1783.20
3×3	1111	1172.33	644.76	329.21	0	385.84	1502.75

注：盈余可利用用水量=单位降雨量（5431.69m³）+单位用水标准（1500m³）−林地蒸散量（4644.282m³）−林木总耗水量

由表 6-2 可知，同密度单位面积内核桃林分耗水最多，约是耗水最少的桃的 3.40 倍，约是杏的 1.17 倍，种植密度为 2m×3m 的核桃每公顷耗水量（2253.44m³）最多，种植密度为 3m×3m 的桃每公顷耗水量（7152.37m³）最少，不同种植密度每公顷耗水量差异巨大。根据剩余可利用用水量结果，在现今北京市常见的三种经济林种植密度中，均不需要超额的农业用水补偿，其中核桃剩余可利用用水量较少（34.02～785.61m³·hm⁻²）。在理想状态下，结合北京市农业用水补偿，各树种在短期的干旱（降雨量 0～262.46mm）和极端干旱的条件下，各树种都可以正常生长，单位面积内种植密度越低，某种程度上各树种种内用水竞争压力小，林木存活率越高，果实产量和品质也会有所提高。本研究中由于 2021 年降雨较多，导致桃树生长不佳，桃单株耗水量较少，推算出的桃单位种植密度和林分耗水参考意义较少，但本研究结果也反映了桃在雨季下实际的生存状况和实际耗水量，这具有重要意义。

基于各区域多年生长季内降雨量，推算出各区域 6 个经济林树种在自然状态下和结合北京市农业用水补偿情况下树种种植密度（最大值）。由表 6-3 可知，密云、海淀、石景山、平谷、房山五个区域内各树种种植密度较大，密云区各树种种植密度最大值分别是核桃（1544 株·hm^{-2}）、杏（1811 株·hm^{-2}）、李（2502 株·hm^{-2}）、山楂（3078 株·hm^{-2}）、梨（3241 株·hm^{-2}）、桃（5251 株·hm^{-2}）；而延庆、通州、大兴、门头沟四个区域内各树种种植密度较小，其中延庆区种植密度最小分别是核桃（1006 株·hm^{-2}）、杏（1180 株·hm^{-2}）、李（1630 株·hm^{-2}）、山楂（2005 株·hm^{-2}）、梨（2112 株·hm^{-2}）、桃（3421 株·hm^{-2}）。自然状态下北京市内各树种平均种植密度最大值分别是核桃（1326 株·hm^{-2}）、杏（1555 株·hm^{-2}）、李（2148 株·hm^{-2}）、山楂（2643 株·hm^{-2}）、梨（2783 株·hm^{-2}）、桃（4508 株·hm^{-2}）。不同区域各经济林树种种植密度并不相同，主要原因是各区域降雨量存在差异。

表 6-3　基于多年生长季内降雨量和农业用水补偿下各树种单位种植密度

地区	门头沟	密云	怀柔	海淀	丰台	房山	大兴	昌平	延庆	通州	顺义	石景山	平谷	平均
生长季降雨（m³·hm^{-2}）														
	1559.87	2087.65	1925.05	1977.49	1865.84	1946.83	1505.53	1889.31	1360.05	1504.47	1764.13	1957.61	1958.03	1792.45
自然状态下种植密度（株·hm^{-2}）														
杏	1353	1811	1670	1716	1619	1689	1306	1639	1180	1305	1531	1699	1699	1555
李	1869	2502	2307	2370	2236	2333	1804	2264	1630	1803	2114	2346	2347	2148
梨	2422	3241	2989	3070	2897	3023	2337	2933	2112	2336	2739	3039	3040	2783
桃	3923	5251	4842	4974	4693	4896	3787	4752	3421	3784	4437	4924	4925	4508
山楂	2300	3078	2838	2916	2751	2871	2220	2786	2005	2218	2601	2886	2887	2643
核桃	1154	1544	1424	1463	1380	1440	1114	1398	1006	1113	1305	1448	1448	1326

（续）

地区	门头沟	密云	怀柔	海淀	丰台	房山	大兴	昌平	延庆	通州	顺义	石景山	平谷	平均
	结合农业补偿用水种植密度（株·hm^{-2}）													
杏	1783	2241	2100	2145	2048	2119	1736	2069	1610	1735	1960	2128	2128	1985
李	2463	3095	2900	2963	2829	2926	2398	2858	2223	2396	2707	2939	2940	2741
梨	3205	4028	3775	3857	3682	3809	3120	3719	2894	3119	3524	3826	3826	3568
桃	5168	6496	6087	6219	5938	6141	5032	5997	4666	5029	5682	6169	6170	5753
山楂	3030	3808	3568	3646	3481	3600	2950	3516	2735	2948	3331	3616	3617	3373
核桃	1520	1911	1790	1829	1746	1806	1480	1764	1372	1479	1671	1814	1815	1692

6.2　基于经济林水分利用特征的灌溉措施

6.2.1　典型天气条件下经济林树种的灌溉管理措施

晴天时，本研究中各树种液流曲线多为"双峰"型，中午各树种蒸腾耗水较多，故此，即便采用根灌、盘灌、滴灌的方式，也尽量避免在中午浇水，补充土壤水分亏缺，从而降低果树蒸腾耗水力度，实现节约用水。雨天和阴天时树种耗水量较低，不需要进行灌溉。由于 2021 年 6~9 月出现了雨季，除了杏、李外，其他树种生长受到严重影响，甚至面临生存胁迫，所以在雨水较多时节，需要保证林分内排水通畅，防止田间持水量过大，逆转树种根系与土壤间的水势差。

6.2.2　各经济林树种不同生育期的灌溉管理措施

基于各树种不同生育期内耗水量和降水量，各树种所进行的灌溉管理策略差异较大。根据各树种平均种植密度，结合树种不同生育期耗水量和北京市 2021 年生长季内同期降雨量，将单位面积内各树种耗水量和降雨量换算成同一单位（m^3），其结果见表6-4。

表6-4　各树种不同生育期单位耗水量和降雨量对比

生育期	树种	杏	李	梨	桃	山楂	核桃
种植密度（株·hm⁻²）		1985	2741	3568	5753	3373	1692
生长季总降雨量（mm）				847.69			
单株耗水量（m³）		1.15	0.83	0.64	0.40	0.68	1.35
舒花展叶期	耗水量	59.55	109.64	142.72	402.71	573.41	236.88
	降雨量	2.81	4.56	8.98	16.82	40.94	23.58
落花坐果期	耗水量	198.50	328.92	428.16	517.77	303.57	203.04
	降雨量	17.49	29.15	22.98	14.27	168.37	8.84
果实膨大期	耗水量	674.90	712.66	927.68	632.83	1045.63	1285.92
	降雨量	254.73	798.77	3258.08	465.78	3932.90	2873.76
果实成熟期	耗水量	456.55	603.02	356.80	230.12	236.11	253.80
	降雨量	1833.59	3507.25	1055.38	2800.94	1253.24	1429.51
叶片变色期	耗水量	674.90	465.97	321.12	345.18	67.46	253.80
	降雨量	2435.65	1334.91	1318.63	1627.97	273.43	1318.69
落叶期	耗水量	218.35	27.41	142.72	115.06	67.46	33.84
	降雨量	1130.09	0.07	0.27	735.86	7.91	10.05

注：单位面积为1hm²。

在舒花展叶期内，各树种单位耗水量远远大于同期降雨量，其中以山楂、桃、核桃耗水量最大，与同期降雨量差值较大，是其他树种的1.59~9.38倍。落花坐果期内各树种单位耗水量进一步增大，而同期降雨量只有少量增加。在实际生产管理中，如果各经济林树种林地土壤水分供给不足，需要在舒花展叶期和落花坐果期内，对各树种进行适量（56.24~532.57m³·hm⁻²）的灌溉。

果实膨大期内，各树种单位耗水量几乎达到最大值，各树种耗水量分别为杏674.90m³·株⁻¹、李712.66m³·株⁻¹、梨927.68m³·株⁻¹、桃632.83m³·株⁻¹、山楂1045.63m³·株⁻¹、核桃1285.92m³·株⁻¹；此时降雨量虽有所增加，但依旧满足不了各树种的水分需求，需要进行适量的水分补给，采取根灌、盘灌、滴灌或者在夜晚喷灌的方式。各树种处于果实膨大期时，树干液流在土壤水分过多时减弱，短期干旱可以提高树种水分利用效率，可以"少量多次"灌溉。

果实成熟期内，各树种单位耗水量有所下降，但此时北京地区迎来雨季高峰，同期内降雨量（1055.38~3507.25m³）远大于树种耗水量（230.12~603.02m³），为防止林内积水，从而影响林分生长状况，需及时清理排水渠，保证多余雨水可以尽早排出林外。

叶片变色期内，部分（杏、梨、桃）树种迎来营养生长的高峰期，单位耗水量有所增加，本研究中由于 2021 年北京地区降雨异常，雨量大、持续时间长，故当年并不需要进行额外的水分补偿，但在雨量较少的年份，需要及时根据树种生长状况和林地土壤含水量进行水分补偿。

落叶期内，各树种开始陆续进入休眠期，此时并不需要进行额外的水分供给，只需在冬季进行一次防冻水灌溉，以保证各树种正常过冬。

6.3　小结

基于树种耗水量和降水量推算得出密云、海淀、石景山区经济林种植密度宜大，其中密云区最大（1544~5251 株·hm⁻²），延庆、通州、大兴区经济林种植密度宜小，其中延庆区最小（1006~3421 株·hm⁻²）。基于树种不同生育期内耗水量和降雨量，各树种的灌溉管理策略差异显著。得出舒花展叶期、落花坐果期需进行补水（56.24~532.57m³·hm⁻²）；果实膨大期内，当降雨量小于树种水分需求时，需进行水分补给；果实成熟期内，北京地区迎来雨季高峰，降雨量（1055.38~3507.25m³·hm⁻²）远大于树种耗水量（230.12~603.02m³·hm⁻²），要做好排水；叶片变色期内，部分（杏、梨、桃）树种迎来营养生长高峰期，需进行补水；落叶期内不需要进行补水。

参考文献

[1] 丁杰, 李少宁, 鲁绍伟, 等. 北京市常见经济林水分利用及固碳释氧功能 [J]. 江苏农业科学, 2017, 45 (18): 130-133.

[2] 曹大禹, 吴鑫淼, 郄志红. 华北平原冬小麦-夏玉米作物亏缺水量空间分布研究 [J]. 中国农村水利水电, 2020 (4): 107-111+115.

[3] 刘中丽, 欧阳宗继. 气候变化对北京水资源的影响 [J]. 农业新技术, 1999, 17 (5): 42-44.

[4] 《北京统计年鉴 2018》编辑委员会及编辑工作人员, 庞江倩. 北京统计年鉴 2018 [M]. 中国统计出版社, 2018.

[5] 王华田. 我国暖温带经济林水分管理的实现途径及措施 [J]. 经济林研究, 2009, 27 (2): 97-103.

[6] GÓMEZ - CANDÓN D, MATHIEU V, MARTINEZ S, et al. Unravelling the responses of different apple varieties to water constraints by continuous field thermal monitoring [J]. Scientia Horticulturae, 2022, 299: 111013-111022.

[7] 龚道枝. 苹果园土壤-植物-大气系统水分传输动力学机制与模拟 [D]. 杨凌: 西北农林科技大学, 2005.

[8] 胡化广, 张振铭, 吴生才, 等. 植物水分利用效率及其机理研究进展 [J]. 节水灌溉, 2013 (3): 11-15.

[9] BØRJA I, SVĚTLÍK J, NADEZHDIN V, et al. Sap flux-a real time assessment of health status in Norway spruce [J]. Scandinavian Journal of Forest Research, 2016, 31 (5): 450-457.

[10] 陶晓, 吴泽民, 武金翠. 合肥市 8 种主要园林常绿树种水分利用效率研究 [J]. 安徽农业大学学报, 2008, 35 (2): 181-185.

[11] 周陈平, 姚娇娇, 杨护. 香蕉种苗耗水规律及适宜节水灌溉制度研究 [J]. 灌溉排水学报, 2021, 40 (4): 1-7.

[12] 龚元石. 土壤-植物-大气连续体水分传输研究现状与展望见

［A］. 张福锁. 土壤与植物营养研究新动态［C］. 北京：中国农业大学出版社，1995：1-16.

［13］王宇. 北京生态涵养带主要树种基于树干液流的耗水规律研究［D］. 北京：北京林业大学，2010.

［14］王华田. 林木耗水性研究述评［J］. 世界林业研究，2003（2）：23-27.

［15］孙鹏森，马履一. 水源保护林树种耗水特性研究与应用［M］. 北京：中国环境科学出版社，2002.

［16］COHEN M, GOLDHAMER D, FERERES E, et al. Assessment of peach tree responses to irrigation water deficits by continuous monitoring of trunk diameter changes［J］. The Journal of Horticultural Science and Biotechnology, 2001, 76（1）：55-60.

［17］朱妍. 城市绿化树种不同密度苗木的耗水特性研究［D］. 北京：北京林业大学，2005.

［18］SWANSON R H. Significant historical development in thermal methods for measuring sap flow in trees［J］. Agricultural and Forest Meteorology, 1994, 72：113-132.

［19］PARKER J. The cut-leaf method and estimating of diurnal trends in transpiration from different heights and sides of an oak and a pine［J］. Botanical Gazette, 1957, 119（2）：93-101.

［20］魏天兴，朱金兆. 林分蒸散耗水量测定方法述评［J］. 北京林业大学学报，1999，21（03）：85-91.

［21］FRITSCHEN L J, COX L, KINERSON R. A 28-Meter Douglas-fir in a Weigning Lysimeter［J］. Forest Science, 1973, 19：256-261..

［22］巨关升，刘奉觉，郑世锴. 选择树木蒸腾耗水测定方法的研究［J］. 林业科技通讯，1998，10：12-14.

［23］GREENWOOD E A N, BERESFORD J D, BARTLE J R. Evaporation from vegetation in landscapes developing secondary salinity using the ventilated-chamber technique：IV. Evaporation from a regenerating forest of *Eucalyptus wandoo* on land formerly cleard for agriculture [J]. Journal of Hydrology, 1982, 58: 357-366.

[24] 郭孟霞, 毕华兴, 刘鑫, 等. 树木蒸腾耗水研究进展 [J]. 中国水土保持科学, 2006, 4 (4): 114-120.

[25] 孙慧珍, 周晓峰, 康绍忠. 应用热技术研究树干液流进展 [J]. 应用生态学报, 2004, 15 (6): 1074-1078.

[26] 王睿照. 树干液流的研究进展 [J]. 辽宁林业科技, 2019 (6): 44-46.

[27] 洪光宇, 王晓江, 刘果厚, 等. 树干液流研究进展 [J]. 内蒙古林业科技, 2020, 46 (3): 50-55.

[28] 李海涛, 陈灵芝. 用于测定树干木质部蒸腾液流的热脉冲技术研究概况 [J]. 植物学通报, 1997 (4): 25-30+55.

[29] 李楠. 利用液流密度方法研究典型植物蒸腾耗水特征 [D]. 西安: 西北大学, 2020.

[30] 赵春彦, 司建华, 冯起, 等. 树干液流研究进展与展望 [J]. 西北林学院学报, 2015, 30 (5): 98-105.

[31] 刘奉觉, 郑世锴, 巨关升, 等. 树木蒸腾耗水测算技术的比较研究 [J]. 林业科学, 1997 (2): 22-31.

[32] 李振华, 王彦辉, 于澎涛, 等. 华北落叶松液流速率的优势度差异及其对林分蒸腾估计的影响 [J]. 林业科学研究, 2015, 28 (1): 8-16.

[33] 吉春容, 邹陈, 李新建, 等. 核桃树干液流特征及其与气象因子的关系 [J]. 干旱区研究, 2010, 27 (4): 616-620.

[34] 桑玉强, 张劲松. 华北山区核桃液流变化特征及对不同时间尺度参考作物蒸散量的响应 [J]. 生态学报, 2014, 34 (23): 6828-6836.

[35] 马长明, 刘广营, 张艳华, 等. 核桃树干液流特征研究 [J]. 西北林学院学报, 2010, 25 (2): 25-29+49.

[36] 李自豪, 卢志朋, 马澜桐, 等. 辽西北半干旱区沙地樟子松树干液流变化特征及影响因素 [J]. 沈阳农业大学学报, 2020, 51 (3): 271-278.

［37］韩辉，张学利，党宏忠，等. 沙地赤松树干边材液流速率的方位特征研究［J］. 林业科学研究，2019，32（2）：39-45.

［38］KASSAHUN Z, RENNINGER H J. Effects of drought on water use of seven tree species from four genera growing in a bottomland hardwood forest［J］. Agricultural and Forest Meteorology，2021，301：108353.

［39］党宏忠，冯金超，韩辉. 沙地樟子松边材液流速率的方位差异特征［J］. 林业科学，2020，56（1）：29-37.

［40］蒋文伟，郭运雪，杨淑贞，等. 天目山柳杉古树的树干液流速率时空变化［J］. 浙江农林大学学报，2012（6）：60-67.

［41］孟秦倩，王健，张青峰，等. 黄土山地苹果树树体不同方位液流速率分析［J］. 生态学报，2013，33（11）：3555-3561.

［42］韩磊，展秀丽，王芳，等. 河东沙区侧柏树干液流与蒸腾驱动因子的时滞效应研究［J］. 生态环境学报，2018，27（8）：1417-1423.

［43］王檬檬，党宏忠，李钢铁，等. 晋西黄土区苹果树液流特征及其与环境因子的关系［J］. 中国农业科技导报，2020，22（7）：140-147.

［44］LEI OUYANG, GAO JIANGUO, PING ZHAO, et al. Species - specific transpiration and water use patterns of two pioneer dominant tree species under manipulated rainfall in a low - subtropical secondary evergreen forest［J］. Ecohydrology，2020，13（7）：123-128.

［45］王华，欧阳志云，任玉芬，等. 北京市绿化树种紫玉兰的蒸腾特征及其影响因素［J］. 生态学报，2011，31（7）：1867-1876.

［46］孙雨婷，叶茂，武胜利，等. 枣树茎流变化及其与环境因子的关系［J］. 北京农业，2013（3）：32-39.

［47］万发，吴文勇，喻黎明，等. 引黄灌区苹果树液流规律及与微气象因子响应关系［J］. 中国水土保持科学，2021，19（1）：20-27.

[48] 徐世琴, 吉喜斌, 金博文. 典型荒漠植物沙拐枣茎干液流密度动态及其对环境因子的响应 [J]. 应用生态学报, 2016, 27 (2): 345-353.

[49] 李波, 郑思宇, 魏新光, 等. 东北寒区日光温室葡萄液流特征及其主要环境影响因子研究 [J]. 农业工程学报, 2019, 35 (4): 185-193.

[50] FORD C R, HUBBARD R M, KLOEPPEL B D, et al. A comparison of sap fluxbased evapotranspiration estimates with catchment-scale water balance [J]. Agric For Meteorol, 2007, 145: 176-185.

[51] TOGNETTI R, GIOVANNELLI A, LAVINI A, et al. Assessing environmental controls over conductances through the soil-plant-atmosphere continum in an experimental olive tree plantation of southern Italy [J]. Agricultural and Forest Meteorology, 2009, 149 (8): 1229-1243.

[52] COCHARD H, MARTIN R, GROSS P, et al. Temperature effects on hydraulic conductance and water relations of Quercus robur [J]. Journal of Experimental Botany, 2000, 51 (348): 1255-1259.

[53] 李少宁, 陈波, 鲁绍伟, 等. 月尺度下毛白杨树干液流对环境因子的响应 [J]. 西北林学院学报, 2013, 28 (3): 40-45.

[54] 李广德, 王晓辉, 贾黎明, 等. 国槐枝叶水分特征及其对树干边材液流的影响 [J]. 中南林业科技大学学报, 2010, 30 (1): 23-28+33.

[55] 赵云阁. 八种绿化树种耗水规律和造林密度研究 [D]. 保定: 河北农业大学, 2017.

[56] MEINZER F C, JAMES S A, GOLDSTEIN G, et al. Whole-tree water transport scales with sapwood capacitance in tropical forest canopy trees [J]. Plant, Cell & Environment, 2003, 26 (7): 1147-1155.

[57] KANDUČ M, SCHNECK E, LOCHE P, et al. Cavitation in lipid bilayers poses strict negative pressure stability limit in biological

liquids [J]. Proceedings of the National Academy of Sciences, 2020, 117 (20): 10733-10739.

[58] 奚如春. 油松侧柏元宝枫蒸腾耗水的空穴栓塞和水容调节机制 [D]. 北京: 北京林业大学, 2006.

[59] 徐新武, 樊大勇, 谢宗强, 等. 不同冲洗液对毛白杨和油松枝条水力导度和抵抗空穴化能力测定值的影响 [J]. 植物生态学报, 2009, 33 (1): 150-160.

[60] 曾骧. 果树生理学 [M]. 北京: 中国农业大学出版社, 1992.

[61] HOSSEINI M, SAIDI A, MAALI-AMIRI R, et al. Developmental regulation and metabolic changes of RILs of crosses between spring and winter wheat during low temperature acclimation [J]. Environmental and Experimental Botany, 2021, 182: 104299.

[62] 程平, 李宏, 李长城, 等. 井式节水灌溉下干旱区灰枣树干液流动态及其对气象因子的响应 [J]. 干旱地区农业研究, 2017, 35 (5): 263-270.

[63] 党宏忠, 冯金超, 王檬檬, 等. 黄土高原苹果树各生育期需水特征研究 [J]. 果树学报, 2020, 37 (5): 659-667.

[64] 赵明玉, 李宏, 武胜利, 等. 果实膨大期干旱胁迫对'红富士'苹果树生理特性的影响 [J]. 西北农业学报, 2020 (12): 1-9.

[65] 张娟, 张坤, 王玉安, 等. 红地球葡萄延后栽培成熟期水分运输研究 [J]. 西北植物学报, 2019, 39 (10): 1776-1784.

[66] 王绍飞, 赵西宁, 高晓东, 等. 黄土丘陵区盛果期苹果树土壤水分利用策略 [J]. 林业科学, 2018, 54 (10): 31-38.

[67] ZHAO Q, ZHANG S, et al. Dynamic Simulation of Transpiration and Water Use Efficiency in Apple Tree Canopies [J]. Advance journal of food science and technology, 2014, 6 (3): 383-388.

[68] 龚道枝, 雷志栋, 郝卫平. 基于果树需水信号的精量灌溉控制理论与技术 [J]. 灌溉排水学报, 2009, 28 (4): 6-9.

[69] 赵付勇, 赵经华, 马英杰, 等. 滴灌核桃树茎流变化规律与光合作用的研究 [J]. 中国农村水利水电, 2017 (3): 31-

34+40.

[70] 包睿, 邹养军, 马锋旺, 等. 种植年限及密度对渭北旱塬苹果园深层土壤干燥化的影响 [J]. 农业工程学报, 2016, 32 (15): 143-149.

[71] LORDAN J, FRANCESCATTO P, DOMINGUEZ L I, et al. Long-term effects of tree density and tree shape on apple orchard performance, a 20 year study – Part 1, agronomic analysis [J]. Scientia Horticulturae, 2018, 238: 303-317.

[72] MA L, WANG X, GAO Z, et al. Canopy pruning as a strategy for saving water in a dry land jujube plantation in a loess hilly region of China [J]. Agricultural Water Management, 2019, 216: 436-443.

[73] FORRESTER D I, COLLOPY J J, BEADLE C L, et al. Effect of thinning, pruning and nitrogen fertiliser application on transpiration, photosynthesis and water-use efficiency in a young Eucalyptus nitens plantation [J]. Forest Ecology & Management, 2012, 266: 286-300.

[74] SUN X, ONDA Y, OTSUKI K, et al. The effect of strip thinning on tree transpiration in a Japanese cypress (*Chamaecyparis obtusa* Endl.) plantation [J]. Agricultural & Forest Meteorology, 2014, 197: 123-135.

[75] HUBBARD R M, CARNEIRO R L, CAMPOE O, et al. Contrasting water use of two Eucalyptus clones across a precipitation and temperature gradient in Brazil [J]. Forest Ecology and Management, 2020, 475: 118407.

[76] 孟秦倩. 黄土高原山地苹果园土壤水分消耗规律与果树生长响应 [D]. 杨凌: 西北农林科技大学, 2011.

[77] 字永明, 王丽洁, 荐圣淇. 黄土高原丘陵沟壑区柠条与沙棘树干液流变化特征 [J]. 生态学报, 2023 (4): 1-10.

[78] 韩新生, 许浩, 李振华, 等. 不同天气条件下山杏树干液流速率对环境因子变化的响应 [J]. 西南林业大学学报: 自然科

学，2023（1）：1-10.

[79] 周扬. 北京市建成区绿地植物潜在年耗水量估算 [D]. 北京：北京林业大学，2020.

[80] 武思宏，朱清科，余新晓，等. 晋西黄土区主要造林树种合理林分密度计算与分析 [J]. 水土保持研究，2008，15（1）：83-86.

[81] CAMPBELL G S, NORMAN J M. An introduction to environmental biophysics [M]. New York：Springer Science & Business Media, 2000.

[82] GRANIER A. Evaluation of transpiration in a Douglas-fir stand by means of sap flow measurements [J]. Tree physiology, 1987, 3 (4)：309-320.

[83] 邵永会. 华中地区梨肥水管理及整形修剪技术 [J]. 果树实用技术与信息，2020（4）：7-9.

[84] 周玉燕，廖空太，张莉，等. 山旱塬区花牛苹果树干茎流及其与环境因子的关系 [J]. 经济林研究，2017，35（1）：30-35.

[85] 高峻，吴斌，孟平. 杏树蒸腾与降水和冠层微气象因子的关系 [J]. 北京林业大学学报，2010，32（3）：14-20.

[86] 马文涛，程平，李宏，等. 干旱绿洲区富士苹果树干边材茎流动态及其对环境因子的响应 [J]. 浙江大学学报：农业与生命科学版，2020，46（4）：428-440.

[87] 李明霞，白岗栓，闫亚丹，等. 山地苹果树更新修剪对树体营养及生长的影响 [J]. 园艺学报，2011，38（1）：139-144.

[88] JIAO LEI, LU NAN, SUN GE, et al. Biophysical controls on canopy transpiration in a black locust (Robinia pseudoacacia) plantation on the semi-arid Loess Plateau, China [J]. Ecohydrology, 2016, 9 (6)：1068-1081.

[89] JIAN GUO ZHANG, JIN HONG GUAN, WEI YU SHI, et al. Interannual variation in stand transpiration estimated by sap flow measurement in a semi-arid black locust plantation, Loess Plateau, China [J]. Ecohydrology, 2015, 8 (1)：137-147.

[90] 孙旭, 杨文慧, 焦磊, 等. 不同时间尺度北京蟒山油松树干液流对环境因子的响应研究 [J]. 生态学报, 2022, 42 (10): 4113-4123.

[91] 王文杰, 孙伟, 邱岭, 等. 不同时间尺度下兴安落叶松树干液流密度与环境因子的关系 [J]. 林业科学, 2012, 48 (1): 77-85.

[92] ZHANG Z, YU K, SIDDIQUE K H M, et al. Phenology and sowing time affect water use in four warm-season annual grasses under a semi-arid environment [J]. Agricultural and Forest Meteorology, 2019, 269: 257-269.

[93] 叶开玉, 莫权辉, 蒋桥生, 等. 红阳猕猴桃果实生长发育及主要营养物质动态变化 [J]. 江苏农业科学, 2020, 48 (4): 127-131.

[94] 吴佳伟, 李苇洁, 杨瑞, 等. 红阳猕猴桃生长发育期树干液流特征及其与环境因子的关系 [J]. 果树学报, 2022, 39 (3): 388-405.

[95] 潘迪, 毕华兴, 次仁曲西, 等. 晋西黄土区典型森林植被耗水规律与环境因子关系研究 [J]. 北京林业大学学报, 2013, 35 (4): 16-20.

[96] 王绍飞. 黄土丘陵区盛果期苹果树土壤水分利用来源研究 [D]. 杨凌: 西北农林科技大学, 2018.

[97] 徐利岗, 苗正伟, 杜历, 等. 干旱区枸杞树干液流变化特征及其影响因素 [J]. 生态学报, 2016, 36 (17): 5519-5527.

[98] 李会杰. 黄土高原林地深层土壤根系吸水过程及其对水分胁迫和土壤碳输入的影响 [D]. 杨凌: 西北农林科技大学, 2019.

[99] 魏新光, 陈滇豫, LIU Shouyang, 等. 修剪对黄土丘陵区枣树蒸腾的调控作用 [J]. 农业机械学报, 2014, 45 (12): 194-202+315.

[100] 杨素苗, 李保国, 齐国辉, 等. 根系分区交替灌溉对苹果根系活力、树干液流和果实的影响 [J]. 农业工程学报, 2010, 26 (8): 73-79.

[101] GREEN S R, GOODWIN I, CORNWALL D, et al. The effects of artificial spur extinction（ASE）on the water use efficiency of apple tree canopies ［J］. Acta horticulturae, 2016（1130）: 491-498.

[102] 伍涛, 陶书田, 张虎平, 等. 疏果对梨果实糖积累及叶片光合特性的影响 ［J］. 园艺学报, 2011, 38（11）: 2041-2048.

[103] 石莹, 曾译可, 陈思怡, 等. 机械修剪疏果提升椪柑果实品质的作用及机制 ［J］. 华中农业大学学报, 2022, 41（5）: 68-76.

[104] 张义. 果园生态系统适度生产力调控途径与技术研究 ［D］. 杨凌: 西北农林科技大学, 2010.

[105] 宋凯, 魏钦平, 岳玉苓, 等. 不同修剪方式对'红富士'苹果密植园树冠光分布特征与产量品质的影响 ［J］. 应用生态学报, 2010, 21（5）: 1224-1230.

[106] 赵文芹. 不同灌溉条件下毛白杨人工林蒸散发及其影响因素研究 ［D］. 北京: 北京林业大学, 2021.

[107] GYENGE J E, FERNANDEZ M E, SCHLICHTER T M. Effect of pruning on branch production and water relations in widely spaced ponderosa pines ［J］. Agroforestry Systems, 2009, 77（3）: 223-235.

[108] QUENTIN A G, OGRADY A P, BEADLE C L, et al. Responses of transpiration and canopy conductance to partial defoliation of Eucalyptus globulus trees ［J］. Agricultural and Forest Meteorology, 2011, 151（3）: 356-364.

[109] 赵现华. 修剪对葡萄液流和光合同化物运输分配特性的扰动 ［D］. 杨凌: 西北农林科技大学, 2013.

[110] 赵平, 邹绿柳, 饶兴权, 等. 成熟马占相思林的蒸腾耗水及年际变化 ［J］. 生态学报, 2011, 31（20）: 6038-6048.